Gérer Facilement la Maladie Cérébrovasculaire

--Connaissances et Questions-Réponses sur l'Accident Vasculaire Cérébral

Gérer Facilement la Maladie Cérébrovasculaire

--Connaissances et Questions-Réponses sur l'Accident Vasculaire Cérébral

Traduit du chinois par : GUO Wei

Avec la contribution de : GU Xiujuan LIU Xinnong SHEN Hao WANG Zhiping ZHOU Li

L'Harmattan

L'Harmattan, 2023
5-7, rue de l'École-Polytechnique, 75 005 Paris
http://www.éditions-harmattan.fr
ISBN : 978-2-336-40446-2
EAN : 9782336404462

Traducteurs et unités (par le phonème chinois du nom de famille)

GU Xiujuan
Service d'Échographie de l'Hôpital Tiantan de l'Université Médicale de la Capitale (Beijing)
GUO Wei
L'Hôpital Tiantan de l'Université Médicale de la Capitale (Beijing)
LIU Xinnong
Service d'Chirurgie Vasculaire de l'Hôpital Tiantan de l'Université Médicale de la Capitale (Beijing)
SHEN Hao
Service de Médecine Traditionnelle Chinoise de l'Hôpital Tiantan de l'Université Médicale de la Capitale (Beijing)
WANG Zhiping
Service d'Imagerie de l'Hôpital Tiantan de l'Université Médicale de la Capitale (Beijing)
ZHANG Tong
Service de Neurologie de l'Hôpital Tiantan de l'Université Médicale de la Capitale (Beijing)
ZHOU Li
Service de Médecine Traditionnelle Chinoise de l'Hôpital Tiantan de l'Université Médicale de la Capitale (Beijing)

Réalisé par l'Association de la Médecine d'Urgences de l'Institut de Gériatrie en Chine et la 29 ième Mission Médicale Chinoise en Guinée

Préface

La vulgarisation scientifique, autrement dit l'accès universel scientifque ou science populaire, il s'agit de l'utilisation de divers leviers médiatiques pour faire accepter à l'audience public les sciences naturelles et sociales d'une manière simple et facile à comprendre pour promouvoir l'application de la science et de la technologie, préconiser les méthodes scientifiques, communiquer les idées scientifiques et faire valoir l'esprit scientifique. Avant de présenter cet ouvrage, j'aimerais vous faire part de mon point de vue sur la vulgarisation de la science médicale.

Chaque jour, nous sommes entourés des scènes de peine et de joie. J'ai connu deux patients, Ils avaient tous les deux la quarantaine, avec une carrière brillante et donc la clef de voûte de leur famille. Ils étaient tous au voyage d'affaires lorsqu'ils ont eu la crise. Les symptômes étaient une faiblesse soudaine d'un côté du corps avec troubles de l'élocution. L'un d'eux a immédiatement appelé le numéro d'urgence et s'est rendu à l'hôpital local pour un traitement d'urgence. Alors que l'autre a choisi de jouer le "dur", continuant à travailler sur les dossiers demandés par son client.

Le premier patient a été traité par réanimation thrombolytique en arrivant à l'hôpital et il en est sorti avec de bons résultats, il a pu reprendre son travail trois mois plus tard. L'autre patient, qui a manqué le meilleur moment pour la thrombolyse d'urgence, a eu de très mauvais résultats suivant les traitements ultérieurs, il est toujours paralysé et incapable de s'occuper de lui-même. On peut dire que la vie de ces deux patients a été différenciés par une seule "idée". Cette "idée" se réfère à la connaissance sur les symptômes de l'accident vasculaire cérébral (Ci-après dénommé AVC) et les premiers soins, qui sont les plus élémentaires comme connaissances médicales. C'est une connaissance médicale de base qui peut sauver votre santé et même votre vie.

La connaissance sur l'AVC peut non seulement vous aider, mais aussi vous permettre d'aider les autres. Un jour, un enseignant à la retraite se promenait dans le parc de Tiantan et bavardait avec les autres, il avait remarqué à côté de lui un homme âgé avait soudain des troubles de l'élocution et les coins de sa bouche inclinés. L'ancien enseignant lui a immédiatement alerté qu'il était en crise d'AVC et l'a envoyé à l'hôpital Tiantan à côté (note: l'hôpital Tiantan était tout près du parc Tiantan avant déménagement). Le patient a donc eu des soins d'urgence les plus élémentaires avant l'arrivée de sa famille avec des résultats satisfaisants. Ce genre d'aide ne vous coûtera rien, mais elle en vaut largement la peine, elle vaut le coût d'une aide financière onéreuse : c'est bien le pouvoir de la connaissance.

Bien sûr, en général, l'apprentissage et l'acquisition de connaissances sur sciences médicales n'auront pas d'effet immédiat. Par exemple, les bonnes habitudes de vie de tous les jours peuvent prévenir l'arrivée des accidents vasculaires cérébraux. Mais cela ne marche qu'avec le temps et l'effet est "silencieux". Connaître les premiers secours en cas d'AVC permet d'éviter les éventuelles catastrophes, mais cela se peut que tu ne fasses pas face à aucun cas pour toute ta vie, c'est la cause pour qui de nombreuses personnes ne s'intéressent pas à l'accès des connaissances médicales et sont même sceptiques quant à son utilité. Cependant tout comme la connaissance sur la"prévention des incendies et des tremblements de terre", même si elle n'est pas très utile au niveau de fréquence, ce genre de connaissance peut sauver la vie au moment critique avec une grande valeur sociale. Tout adulte devrait avoir des connaissances de base en médecine.

Le point de départ d'avoir des connaissances médicales est de vivre une vie plus saine et plus heureuse pour soit-même et pour nos proches. Mais il y des passionnés de science médicale, en apprenant les connaissances médicales, ils se demandent sans cesse s'ils sont atteints de certaines maladies, se rendent sans cesse à l'hôpital pour faire des examens, devenant anxieux et déstabilisés en exagèrant leur maladie. Cela va à l'encontre du but de la science médicale. Il faudra garder un esprit sain face aux maladies, suivre égulièrement des examens médicaux à l'hopital. Si vous avez la malchance de souffrir d'une maladie, coopérez activement avec votre médecin, cela vous pourrait minimiser les dégâts, ainsi l'objectif de la vulgarisation de science médicale est atteint.

Les amateurs de médecine doivent également être conscients que même les abondantes connaissances scientifiques ne peuvent pas remplacer le rôle d'un vrai médecin. Un médecin de premier recours qualifié est à l'issue d'une formation de plusieurs années, voire d'une décennie. La profondeur et l'étendue des connaissances acquises dépassent de loin celles des amateurs. Je vous cite un exemple, vous avez entendu parler de Lu Xun, Guo Moruo Tchekhov, etc., qui sont passés de la médecine à d'autres professions et ont accompli des exploits remarquables. Mais avez-vous déjà entendu parler de personnes issues d'autres occupations qui se sont reconverties en cliniciens? La complexité de la médecine rend ce genre de choses presque impossibles. Par conséquent, un amateur médical, même s'il possède de considérables connaissances médicales, n'a probablement qu'une connaissance superficielle face à un médecin professionnel. L'objectif de faire les connaissances médicales accessibles au grand public ne s'agit jamais de chercher à remplacer les médecins. Il s'agit plutôt de pouvoir mieux communiquer avec les professionnels, de mieux comprendre leurs conseils et de les mettre en exécution.

Le développement de la science médicale est toujours un processus en évolution, nous ne pouvons pas avoir des attentes au-delà de létat actuel de notre époque. Par exemple, en utilisant pleinement les connaissances médicales actuelles et en prenant les mesures appropriées, on peut réduire le risque d'accident vasculaire cérébral de plus de 90%. Cependant, même avec les meilleurs efforts, une petite proportion d'accidents demeurent inévitables, et cela fait partie du défi que la médecine de nos jours n'a pas encore relevé. Ces quelques situations inconnues ne doivent pas devenir arguments pour rejeter la validité et caractère scientifique de la médecine. A l'heure actuelle, l'apparition de la plupart des maladies est toujours un événement probabiliste, et si l'on sait suivre des conseils rationnels, il est fort possible de les réduire. Mais si l'on ignore les conseils médicaux, vous pouvez vous mettre dans une situation très dangereuse !

Cet ouvrage est dédié à l'AVC. Il y a environ 15 millions de patients d'AVC en Chine avec 3,3 millions de nouveaux cas chaque année et environ 1,5 millions de décès dus à cette maladie. Près de 80% survécus présentent des déficiences fonctionnelles à de défférents degrés,un impact considérable sur la santé personnelle et le bien-être familial. L'accès au public des connaissances au sujet de prévention et de traitement de l'AVC contribueront grandement à améliorer la qualité de vie et à prolonger son espérance.

Dans ce livre, on trouvera de nombreuses réponses aux questions que les patients et leurs familles veulent connaître sur les origines de la maladie, sur la prévention et le traitement, sur les problèmes qu'ils rencontrent dans leur vie quotidienne, toutes ces questiones sont présentées de manière illustrée et facile à comprendre. Nous espérons que ce livre aidera le public à mieux comprendre la prévention d'un accident vasculaire cérébral et la rééducation après. Nous espérons que tout le monde vivra une vie plus saine et plus heureuse !

Qin Haiqiang

Table des matières

Chapitre 1

Cerveau et AVC

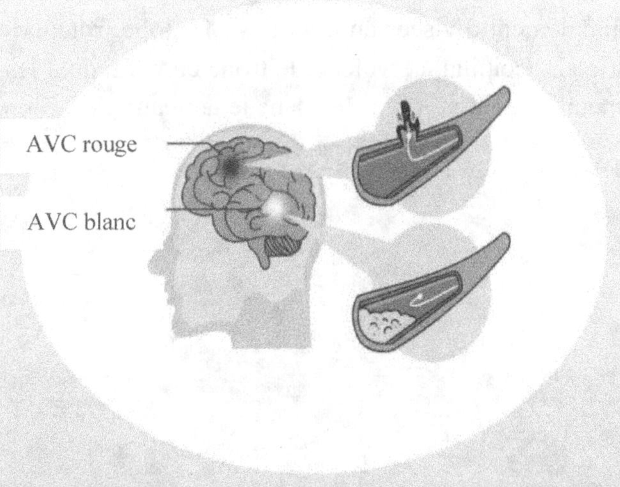

Section 1 Zones fonctionnelles du cerveau

I. Connaissance de base

1. Les zone fonctionnelles du cerveau

En tant que commandant du corps humain, le cerveau humain commande toutes les activités physiologiques du corps telles que le mouvement et la coordination des membres, la production des sensations, les activités des organes internes, ainsi que la parole, écriture, pensée etc. Pour donner un exemple simple, le cerveau est comme une grande entreprise composée de différents départements, dont la finance, RH, la communication, le désign, etc. Chacun d'entre eux joue son propre rôle dans la gestion des tâches dans le cadre de ses responsabilités. Sur le plan anatomique, le cerveau est également constitué de différentes "zones départementales". Les différentes zones du cerveau contrôlent des fonctions différentes et sont globalement divisées en 6 parties : Le lobe frontal, temporal, pariétal, occipital, cervelet et le tronc cérébral dont les fonctions spécifiques sont indiquées dans le tableau 1.1.

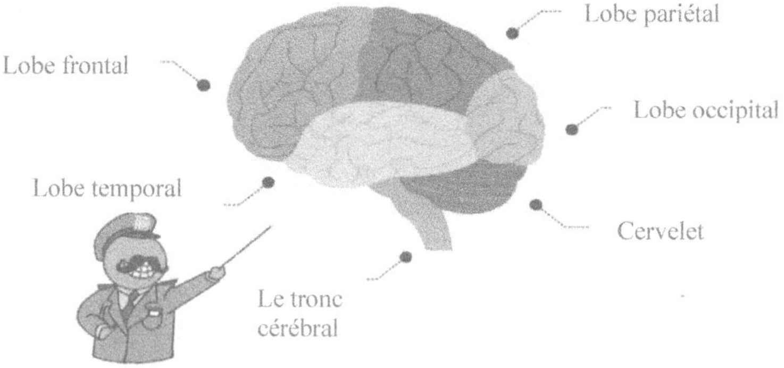

Division fonctionnelle du cerveau

Tableau **1.1** **Division du cerveau et fonctions principale**		
Partie	Fonction	Manifestation en cas de dommage
Lobe frontal	Responsable de l'activité physique, de la planification, liée aux besoins individuels et plan émotionnel.	Paralysie des membres, manque d'intérêt, changements de personnalité ou des troubles du langage.
Lobe temporal	Responsable de la capacité auditive et des compétences linguistiques.	Mauvaise articulation, incohérences de ses paroles, difficultés de compréhension.
Lobe pariétal	Perception de la douleur, du tact, du goût, de la température et de la pression, etc. Cette partie touche également aux mathématiques et à la logique.	Difficulté à identifier les lieux familiers, sensations inhabituelles de la peau sur le froid et la chaleur.
Lobe occipital	Responsable de la vision	Vision anormale, impossibilité de distinguer les couleurs.
Cervelet	Coordination des mouvements des membres, maintien et régulation de la tension musculaire et maintien de l'équilibre corporel.	Troubles de l'équilibre, chutes faciles, mauvaise coordination des mouvements.
Tronc cérébral	Inclut de nombreux systèmes vitaux importants, tels que les systèmes cardio-vasculaires, les systèmes respiratoires, etc.	Respiration et rythme cardiaque irréguliers, qui peuvent mettre en danger la vie du patient.

Par conséquent, les différentes zones du cerveau présentent des fonctionnelles différentes lorsqu'elles sont endommagées. Par exemple, chez les patients ayant subi un infarctus cérébral, certains sont paralysés et incapables de parler, d'autres ont des difficultés à marcher et d'autres encore ont des engourdissements. Dans d'autres cas, même si un accident vasculaire cérébral s'est produit, il n'y a pas de signes cliniques. Car la "zone est relativement non fonctionnelle", un "secteur logistique".

2. Vaisseaux sanguins alimentant le cerveau

Le cerveau est le centre supérieur du corps et bénéficie d'un apport sanguin très important. Bien que le cerveau ne pèse que 2% du poids du corps, il nécessite environ 20% de l'apport sanguin total de l'organisme. Par conséquent, le tissu cérébral est très dépendant de l'apport sanguin. En cas de rupture ou d'occlusion d'un vaisseau sanguin, le tissu cérébral devient rapidement ischémique, hypoxique et nécrotique, ce qui entraîne l'apparition des symptômes correspondants.

Le cerveau est alimenté par 2 systèmes : le système carotidien antérieur et le système vertébrobasilaire postérieur, symétrique à gauche comme à droite. Le système carotidien, également appelé circulation antérieure, irrigue les parties antérieure et moyenne du cerveau, 80 à 90% du sang cérébral provenant de la circulation antérieure ; le système vertébrobasilaire, également appelé circulation postérieure, irrigue la partie postérieure du cerveau, le cervelet et le tronc cérébral, 10 à 20% du sang cérébral provenant de la circulation postérieure.

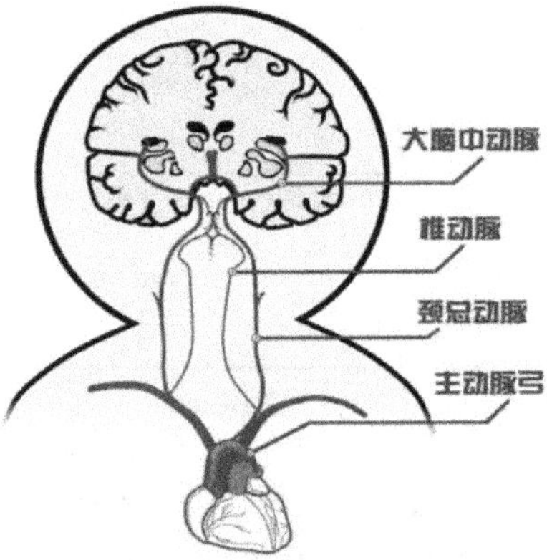

供应大脑的血管

大脑中动脉：Artère cérébrale centrale
椎动脉： Artère vertébrale
颈总动脉：Artère carotide commune
主动脉弓 Arc aortique
供应大脑的血管 Vaisseaux sanguins alimentant le cerveau

II. Questions et réponses

1. Quelles sont les differences entre l'hémisphère cérébral gauche et droit ?

R：Un cerveau est normalement composé de 2 hémisphères

reliés par le corps calleux. L'hémisphère gauche a essentiellement les mêmes fonctions qu'à celui à droit, mais chacun a ses missions prioritaires. L'hémisphère gauche ressent et contrôle le côté droit du corps, tandis que l'autre parite pour le côté gauche. Généralement, les activités humaines sont issues du résultat intégré des informations provenant des deux hémisphères après l'échange par le corps calleux.

La plupart des gens sont des droitières, pour qui l'hémisphère gauche est dominant ; en revanche pour les gauchères, c'est l'hémisphère droit qui est dominant. L'hémisphère gauche s'occupe principalement de logique, compréhension, mémoire, analyse, écriture et langues etc., il est plus rationnel et donc responsable de la logique. L'hémisphère droit joue un rôlemajeur dans les fonctions plus sensuelles comme espaces, vision, mémoire, beaux arts, musique, imagination, émotion et créativité etc. Il est donc responsable de la réflexion perceptive.

Pour le décrire plus figurativement, l'hémisphère cérébral gauche est comme un orateur éloquent, doué pour le langage et l'analyse logique, et aussi comme un scientifique, doué pour la pensée abstraite et les calculs complexes, mais stéréotypé, manquant d'humour et pauvre en émotions. Cerveau droit, quant à lui, est comme un artiste doué pour la pensée figurative non verbale et l'intuition, et possède un sens extraordinaire des activités artistiques telles que la musique, l'art, et la danse etc., sans oublier une forte imagination spatiale. Bien qu'il ne s'exprime pas très bien, il est très passionné et très créatif, émotif, plein d'humour et d'émotions tout en restant très humain.

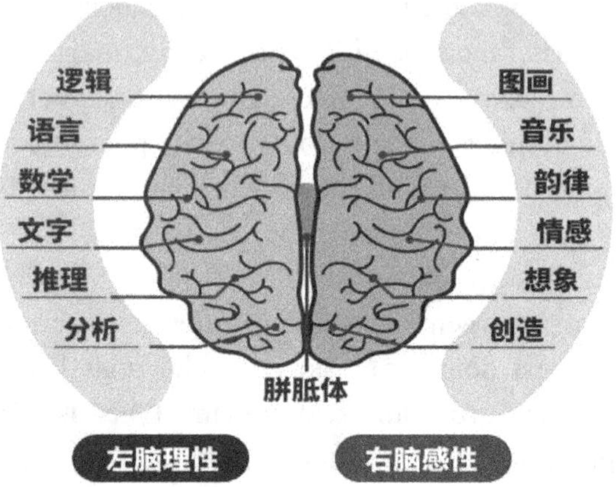

左右脑功能分工

逻辑	Logique	图画	Image
语言	Langue	音乐	Musique
数学	Mathématique	韵律	Rythme
文字	Ecriture	情感	Émotion
推理	Déduction	想象	Imagination
分析	Analyse	创造	Création
胼胝体		corps calleux	
左脑理性	L'hémisphère cérébral gauche rationel	右脑感性	L'hémisphère cérébral droit sensuel
左右脑功能分工		Répartition des tâches entre l'hémisphère cérébral gauche et droit	

Par conséquent, des dommages dans les hémisphériques différentes peuvent produire des symptômes différents. De nombreux patients incapables de parler après un AVC sont ceux qui ont subi une attaque de l'hémisphère cérébral gauche. Dans l'hémisphère gauche, outre la parole, on observe souvent des difficultés motrices et sensorielles. Dans l'hémisphère droit, il peut y avoir des anomalies dans la musique, l'art, l'espace et la reconnaissance des visages.

2. Quelles sont les différences entre un cerveau jeune et un cerveau âgé ?

R: Le cerveau humain continue à se développer après la naissance et à l'âge préscolaire il a environ quatre fois la taille qu'il avait à la naissance, et à l'âge de six ans, il atteint presque 90 % de la taille adulte. Pendant la vieillesse, le fonctionnement des systèmes de l'organisme diminue progressivement, y compris celui du cerveau. Le déclin du cerveau correspond bien à la loi naturelle de la vie. Pour les personnes âgées, le phénomène le plus courant est la perte de mémoire. Les changements associés au vieillissement normal sont les suivants : diminution de la mémoire, traitement plus lent des informations et certaine difficulté à apprendre de nouvelles choses.

La perte importante de mémoire est la manifestation la plus typique pour la démence, c'est pourquoi de nombreuses personnes âgées se sentent anxieuses face à leur perte de mémoire. Bien qu'il puisse y avoir des différents degrés de perte de mémoire pendant le processus de vieillissement, c'est un aspect normal du point de vue physiologique et pas nécessairement d'une démence qui n'en fait pas partie, mais à cause de certaines maladies. Certaines études ont montré qu'un tiers des personnes âgées subissent des pertes de certaines mémoire déclarative (par ex. la mémoire d'une chose particulière). Cependant, d'autres études ont montré qu'environ 1 personne sur 5 de 70 ans sur 5 est semblable à un jeune de 20 ans dans les tests de capacité cognitive, y compris la mémoire.

Ainsi, bien que les personnes âgées aient moins d'énergie phisique que les jeune, en termes de capacités intellectuelles, les personnes âgées ont peut-être des problèmes de mémoire mais cela ne signifie pas un déclin de l'intelligence cérébrale, et encore moins une démence.

3. L'atrophie cérébrale est-elle normale chez les personnes âgées ?

R: Avec l'âge, les systèmes organiques du corps subissent différents degrés de dégénérescence, surtout après 50 ans.Il s'agit d'un phénomène physiologique naturel, en conséquence chez certaines personnes âgées, on peut observer l'atrophie du tissu cérébral de différents degrés, elle est particulièrement rapide et destructrice lorsqu'elle est associée à une maladie ou à une lésion, ce qui entraîne un déclin significatif des fonctions cérébrales.

- **Atrophie cérébrale focale** : peut entraîner une réduction des fonctions dans des zones focales du cerveau. AVC, infection, traumatisme en sont généralement la cause.
- **Holoprosencéphalie** : elle affecte le fonctionnement de l'ensemble du cerveau. Certaines personnes âgées présentent une atrophie évidente avec l'âge, Certaines maladies neurodégénératives comme l'Alzheimer, peuvent également provoquer une holoprosencéphalie.

L'espérance de vie d'un patient atteint d'atrophie cérébrale est influencée par l'état de la maladie correspondante qui est à l'origine de l'atrophie. Dans le cas d'Alzheimer, l'espérance de vie moyenne est de 5 à 10 ans après le diagnostic dans les premiers temps. Dans le cas d'une atrophie causé par l'AVC, si les facteurs de risque cérébrovasculaire sont bien contrôlés et que l'AVC ne se reproduit pas, l'atrophie liée à l'AVC arrête de se développer, généralement l'espérance de vie du patient ne sera pas affectée.

4. Un cerveau plus gros est-il plus intelligent ?

R : Depuis le XIXe siècle, on doute toujours que la taille du cerveau (le volume de tissu cérébral à l'intérieur du crâne) est liée à l'intelligence, c'est-à-dire que plus le cerveau est gros,plus la personne est intelligente. Est-ce vraiment le cas? Les recherches actuelles montrent qu'un gros cerveau ne signifie pas l'intelligence, c'est-à-dire qu'il n'y a pas de lien significatif entre l'intelligence et la taille du cerveau. Généralement dit, le QI n'est pas seulement lié au volume cérébral, l'intelligence dépend davantage du niveau de développement des différentes zones du tissu cérébral.

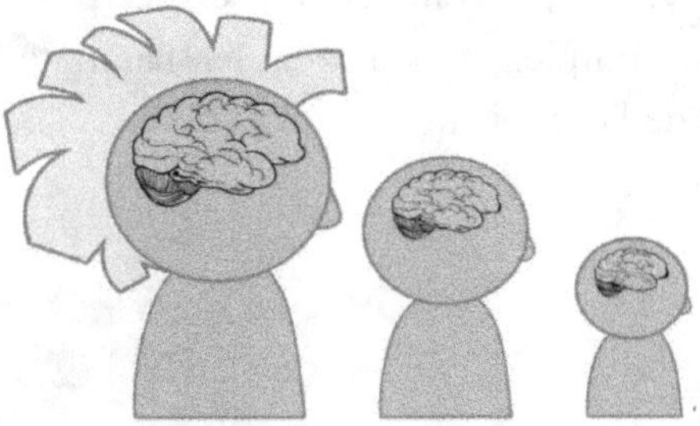

Un cerveau d'adulte pèse en moyenne 1 350 grammes environ, tandis que le cerveau du grand scientifique Albert Einstein pesait 1 230 grammes. Selon les études, le cerveau d'Einstein n'était pas fondamentalement différent de celui d'un être humain normal, seulement le lobe pariétal était 15 % plus large. Il s'agit de la partie du cerveau liée au raisonnement mathématique et aux capacités logico-spatiales. Certaines maladies, comme l'hydrocéphalie, pouvant entraîner une augmentation du volume du cerveau, mais provoquer une déficience mentale.

5. Comment les différentes zones du cerveau comminuqer entre elles ?

R: Bien que les différentes zones du cerveau aient des fonctions relativement indépendantes, elles ne sont pas complètement indépendantes. Par exemple, la marche nécessite non seulement la force physique (venant du centre moteur frontal du cerveau) mais aussi l'équilibre (en provenance du cervelet), ce qui demande l'interconnexion et l'interaction de différentes zones cérébrales pour remplir leurs fonctions.

Les connexions entre les différentes régions du cerveau et entre le cerveau et les systèmes organiques du corps sont tous reliés par un réseau neuronal de fibres nerveuses, c'est-à-dire du cerveau (système nerveux central) à l'ensemble du corps (système nerveux périphérique). Un vaste réseau de fibres nerveuses est distribué au sein du système nerveux central, les fibres nerveuses ayant la même fonction et qui commencent et se terminent au même endroit sont regroupées en faisceaux. Les faisceaux nerveux peuvent conduire de grandes quantités d'informations complexes pour réguler l'activité fonctionnelle de l'ensemble de l'organisme.

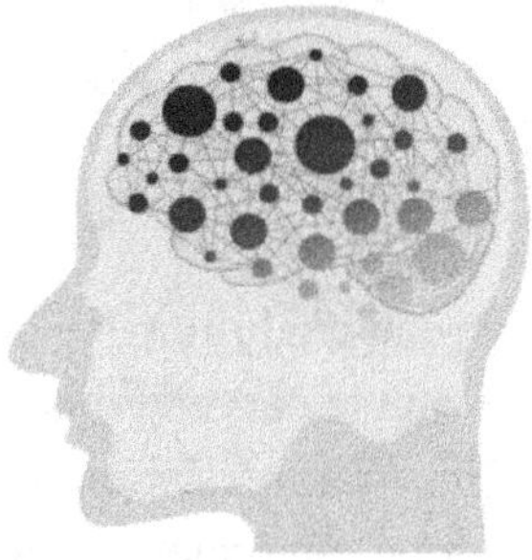

Réseau cérébral

Section 2 Concepts fondamentaux de l'AVC

I. Connaissance de base

1. Définition de l'AVC

L'AVC, également appelé apoplexie, accident vasculaire cérébral ou maladie vasculaire cérébrale aiguë, est un syndrome d'ischémie et d'hypoxie dans le cerveau causé par une rupture ou une obstruction soudaine d'un vaisseau sanguin dans une partie du cerveau. L'ischémie prive la zone cérébrale concernée de nutriments et d'oxygène en quantité suffisante. Les cellules cérébrales ne peuvent pas "respirer ni manger" correctement, ce qui entraîne des lésions des cellules cérébrales voire la mort, d'où viennent les symptômes de déficience fonctionnelle.

氧气：Oxygène
供氧不足：Alimentation en oxygène insuffisante
阻塞：Blocage

2. Types de l'AVC

Bien qu'il s'agisse de maladies cérébrovasculaires, il en existe différents types selon leur nature "bloquée" ou "rompue".

(1) AVC Ischémique (infarctus cérébral ou thrombose céré-

brale) : Rétrécissement ou occlusion d'une artère cérébrale entraînant une ischémie et une nécrose dans la zone du tissu cérébral qu'elle irrigue. C'est comme un canal qui irrigue des champs est bloqué et que les cultures meurent à cause de manque d'eau.

(2) AVC hémorragique (y compris hémorragie cérébrale et hémorragie sous-arachnoïdienne) : une artère cérébrale est rompue et le sang pénètre dans le parenchyme cérébral, c'est ce qu'on appelle une hémorragie cérébrale (communément appelée hémorragie cérébrale).si le sans écoule dans l'espace périaque du cerveau est appelé hémorragie sous-arachnoïdienne. La rupture d'un vaisseau sanguin peut également entraîner une altération de l'irrigation sanguine du cerveau, provoquant des lésions ou la mort des cellules cérébrales. En outre, l'hématome comprime les cellules environnantes peut également entraîner la mort de certaines cellules cérébrales.

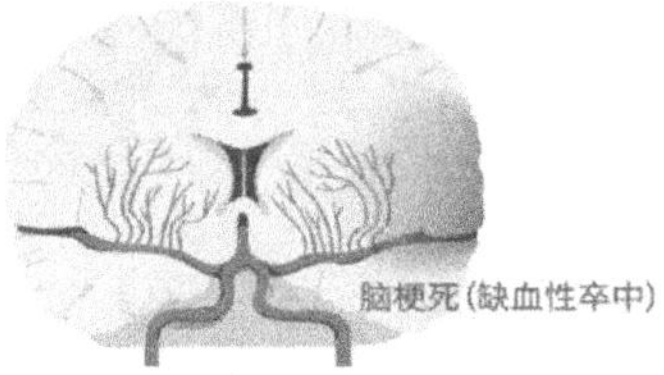

Infarctus cérébral (AVC Ischémique)

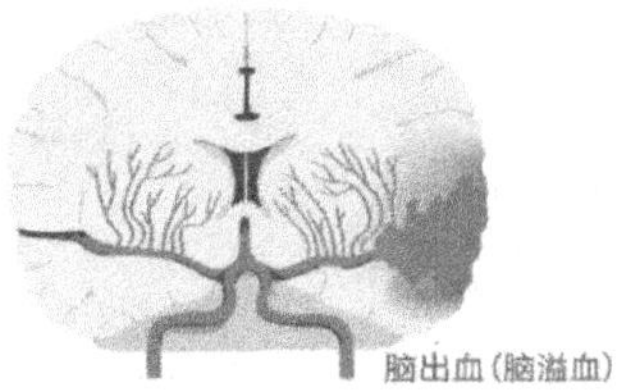

Hémorragie cérébrale
(fuite de sang du cerveau)

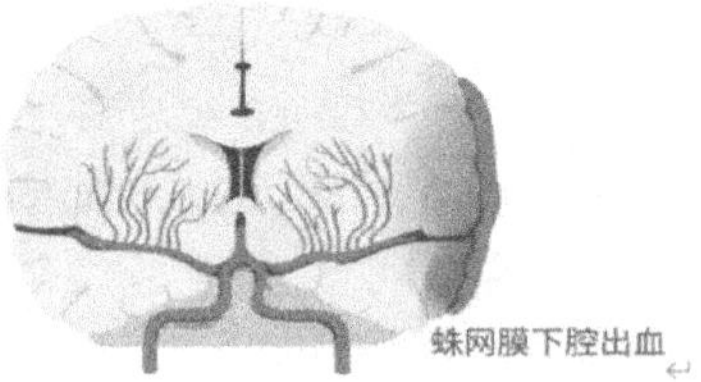

Hémorragie
sous-arachnoïdienne

3. Définition de l'accident ischémique transitoire

Comme son nom l'indique, un accident ischémique transitoire est un épisode soudain et de courte durée d'ischémie cérébrale. Une partie (environ 1 sur 3) des personnes qui ont subi un accident vasculaire cérébral ont eu un accident ischémique transitoire dans les jours, les semaines ou même les mois qui ont précédé l'accident vasculaire cérébral. Cet accident ischémique transitoire survient quelques jours, quelques semaines, voire quelques mois avant le début de l'AVC. Les patients présentent souvent un engourdissement et une faiblesse soudains et unilatéraux des membres, un obscurcissement transitoire et unilatéral des yeux, des maux de tête, des vertiges et des douleurs. Les symptômes cliniques sont variés et dépendent principalement principalement des vaisseaux sanguins concernés.Elle dure généralement quelques secondes, quelques minutes, une demi-heure ou une à deux heures. La fréquence des crises peut varier de plusieurs fois par jour à quelques fois par jour. La fréquence des crises peut être de plusieurs fois par jour, une fois toutes les semaines ou une fois tous les mois. Les symptômes cliniques sont similaires et la plupart des crises surviennent soudainement à l'état de veille, sans avertissement.

Ce symptôme est dû à l'interruption de la circulation sanguine dans le cerveau après une brève interruption suivie d'une reprise rapide. Les patients présentent souvent des facteurs risqués pour les maladies cardiovasculaire, tels que l'hypertension, le diabète, l'hyperlipidémie, l'athérosclérose et les maladies cardiaques.

Comme Les symptômes de l'ischémie cérébrale transitoire sont vite passés, ils sont souvent égligés par les patients et leur famille mais ils sont d'importants précurseurs de l'AVC, il faut les faire examiner à l'hôpital dès qu'ils se manifestent. Un traitement précoce peut empêcher la survenue ultérieure d'un véritable AVC.

-刚才还好好地…突然…呃…
-Tout allait bien tout à l’heure et soudain ...
-Eh....

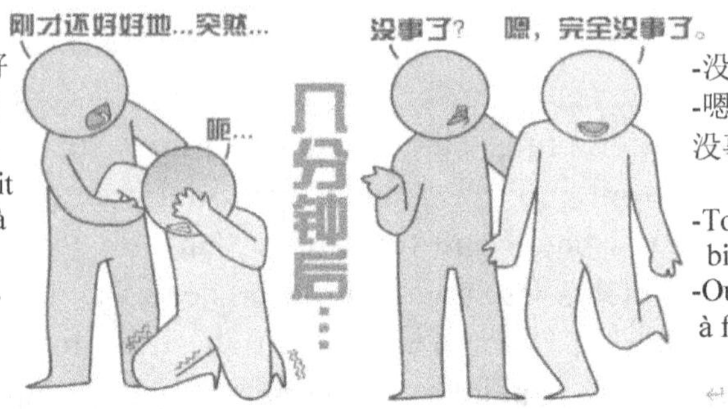

-没事了？
-嗯，完全没事了

-Tout va bien ?
-Oui, tout à fait.

几分钟后
Quelques minutes plus tard ...

4. Définition de la démence vasculaire

La démence vasculaire se caractérise par des dégâts cérébraux causés par des maladiess vasculaires cérébrales.

La démence se réfère en fait à un déclin des fonctions cérébrales, en particulier des fonctions liées à l'intelligence. À compter d'un certain niveau de déclin, une série de symptômes apparaissent, y compris en général le déclin de la mémoire et des fonctions cognitives, des troubles de l'humeur et des changements de comportement.

L'étiologie est composée de deux éléments : d'une part, une lésion aiguë due à une maladie cérébrovasculaire telle qu'un AVC et, d'autre part, un dommage à cause de l’ischémie/hypoxie cérébrale permanente due à l'accumulation à long terme de divers facteurs de risque de maladie cérébrovasculaire (par exemple, hypertension, hyperlipidémie, diabète, athérosclérose, âge avancé, tabagisme,etc.). Elle peut également être due à une maladie chronique des petits vaisseaux sanguins du cerveau.

II. Questions et réponses

1. L'AVC et l'apoplexie (zhongfeng) sont-ils le même concepts?

R : Accident vasculaire cérébral (AVC) et apoplexie (attaqué par le vent, en chinois Zhongfeng) sont les mêmes concepts. L'AVC est le terme médical occidental pour désigner l'attaque cérébrale, tandis que zhongfeng est le terme médical chinois. La médecine occidentale se concentre sur l'anatomie, la physiopathologie et le mécanisme de la maladie. Par conséquent, le terme AVC comprend une série de noms de maladies, tels que thrombose cérébrale, infarctus cérébral, hémorragie cérébrale, hémorragie arachnoïdienne et maladie vasculaire cérébral. Zhongfeng (apoplexie) a été décrit pour la première fois dans le Classique de médecine interne de l'Empereur Jaune comme une maladie d'apparition rapide, avec de nombreux symptômes et des changements rapides. La maladie se caractérise par une apparition et des changements rapides, semblables à ceux du vent (Feng en chinois) En Chine, le nom traditionnel de l'AVC est également utilisé par le peuple.

2. Un accident ischémique transitoire est-il un AVC ?

R : Un accident ischémique transitoire n'est pas la même chose qu'un AVC. Bien que les symptômes cliniques soient similaires, ils sont deux maladies différentes. La distinction la plus importante est qu'un scanner ou une IRM de la tête après un accident ischémique transitoire ne révélera pas la lésion. En effet, le flux sanguin cérébral reprend à la normale peu de temps après sans avoir eu de lésions cérébrales visible sur l'imagerie. Alors qu'après un AVC, la lésion peut se manifester sur l'imagerie, cela est dû à la persistance de troubles de l'irrigation sanguine cérébrale, qui ont causé des lésions importantes et visibles sur l'imagerie.

Deuxièmement, après un accident ischémique transitoire, comme le flux sanguin cérébral revient à la normale rapidement, les symptômes ischémiques sont à disparaître d'eux-mêmes dans les 24 heures à venir sans séquelles, alors que les symptômes post-AVC sont persistants et ne disparaissent pas d'eux-mêmes s'ils ne sont pas traités (tableau 1.2).

Tableau 1.2 Différences entre l'AVCet l'accident ischémique transitoire transitoire		
Caractéristiques cliniques	AVC	Accident ischémique transitoire
Durée des symptômes	$>$ 24 heures	$\leq$ 24 heures, Les symptômes peuvent disparaître d'eux-mêmes
Lésions intracérébrales	OUI	NON
Séquelle	Possible	NON

3. Quels groupes sont plus exposés au risque d'un AVC ?

R : Les facteurs de risque de l'AVC incluent des facteurs non interventionnels et des facteurs interventionnels.

(1) Les facteurs non interventionnels comprennent l'âge avancé, la race, les antécédents familiaux, etc.

(2) Les facteurs interventionnels comprennent l'hypertension, l'hyperlipidémie, le diabète, certaines maladies cardiaques (telle que la fibrillation auriculaire), les plaques d'athérome, le tabagisme, la consommation excessive d'alcool, l'obésité, faible activité physique, hyperhomocystéinémie, hypercoagulabilité du sang, thérapie hormonale etc.

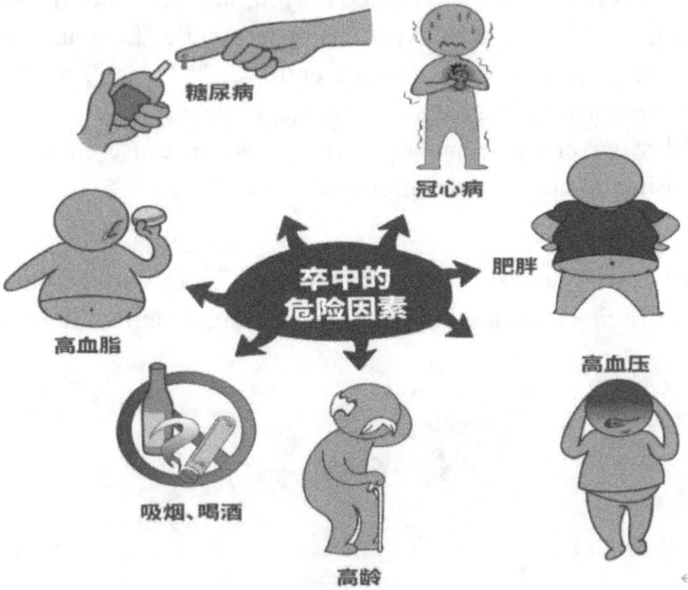

卒中易患人群

卒中易患人群：Groupes des gens plus exposés au risque d'un AVC
卒中的危险因素：Facteurs des risques d'un AVC
糖尿病：Diabète
高血脂：Hyperlipémie
吸烟喝酒： Fumer et boire
高龄：Age avancé
高血压：Hypertension
肥胖： Obésité
冠心病：Les maladies coronariennes

4. Quelles sont les différences entre une hémorragie cérébrale et celle sous-arachnoïdienne ?

R : Bien que l'hémorragie sous-arachnoïdienne et l'hémorragie cérébrale soient toutes deux des hémorragies intracrâniennes, elles sont très différentes. Le cerveau humain est constitué d'un certain nombre de parenchymes et d'espaces interstitiels tout autour, cette structure se ressemble à une orange, il y a des espaces entre les "pétales ". Lorsqu'un saignement se produit à l'intérieur des "pétales ", on l'appelle l'hémorragie cérébrale.

Pour les personnes âgées et d'âge moyen, la plupart des hémorragies sont à cause de l'hypertension artérielle. Lorsque l'hémorragie se produit dans l'espace entre les "pétales ", on l'appelle l'hémorragie sous-arachnoïdienne, ça se produit en général chez les personnes jeunes et d'âge moyen, la cause en est un anévrisme ou une malformation artério-veineuse.

5. Qu'est-ce qui est le plus dangereux, l'infarctus cérébral, l'hémorragie cérébrale ou l'hémorragie sous-arachnoïdienne?

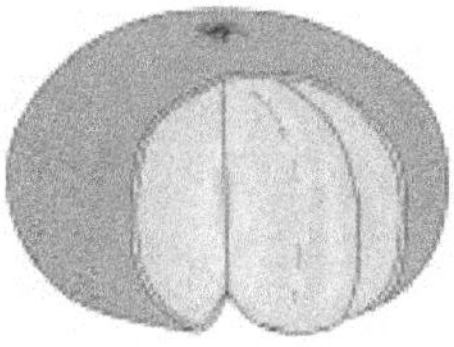

Etat normal

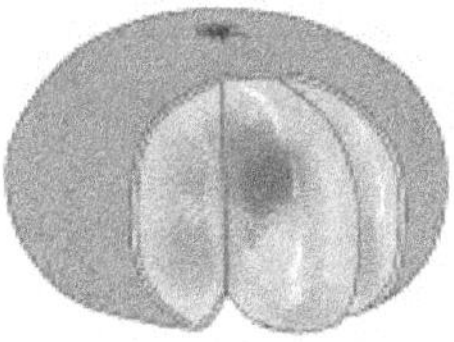

Hémorragie cérébrale

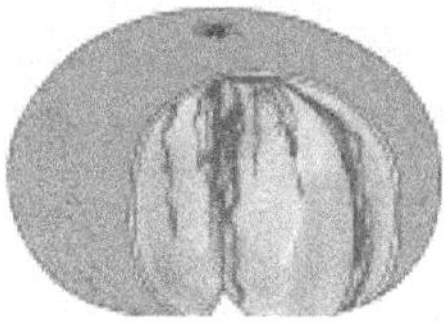

Hémorragie sous-arachnoïdienne

R : L'infarctus cérébral et l'hémorragie cérébrale sont deux maladies graves avec taux de mortalité élevés. Une étude sur environ 45 000 patients d’AVC dans 10 régions chinoise a révélé que le taux de mortalité global pour tous les types d'AVC était de 11 % dans les 28 jours. Parmi eux, l'infarctus cérébral représentait 3%, l'hémorragie sous-arachnoïdienne 19% et 47% pour l'hémorragie cérébrale. Le taux de mortalité global à 5 ans pour les patients ayant survécu après 28 jours était de 17%, dont 16% pour l'infarctus cérébral, 16% pour l'hémorragie sous-arachnoïdienne et 28% pour l'hémorragie cérébrale [source : Lancet Glob Health, 2020, 8(4) : e580-e590].

Globalement dit , le classement de la mortalité est le suivant : hémorragie cérébrale > hémorragie sous-arachnoïdienne > infarctus. Cependant, l'issue finale d'un AVC ne peut pas être déterminée par le type car elle est non seulement liée à la localisation et à la taille de la lésion (gravité de la maladie), mais aussi à l'âge, aux complications et à d'autres maladies préexistantes.

6. Qu'est-ce qu'un AVC blanc et un AVC rouge ?

R : La classification des AVC est simple pour les médecins spécialistes, mais pour le grand public qui n'a que peu de connaissances médicales, elle est encore trop floue pour être mémorisée et distinguée. Pour faciliter la compréhension et la mémorisation, nous pouvons assimiler l'accident vasculaire cérébral au vin. Il existe deux types de vin : le vin blanc et le vin rouge. Lors d'un AVC si un vaisseau sanguin est bouché, le cerveau est privé d'apport sanguin, le tissu cérébral présente d'abord une pâleur, ce qui correspond à un AVC blanc; si un vaisseau sanguin est rompu et que le sang s'en écoule, le tissu cérébral apparaît d'abord rouge, il s'agit d'un accident vasculaire cérébral hémorragique dénommé AVC rouge.Il s'agit bien sûr des deux principaux types d'AVC, mais il existe en réalité de nombreux types d'AVC blancs et d'AVC rouges. Il existe de nombreux types d'AVC, tout comme il existe de nombreux types de vin blanc et de vin rouge. Nous espérons que ce livre vous aidera à mieux comprendre les types d'AVC et leur prévention.

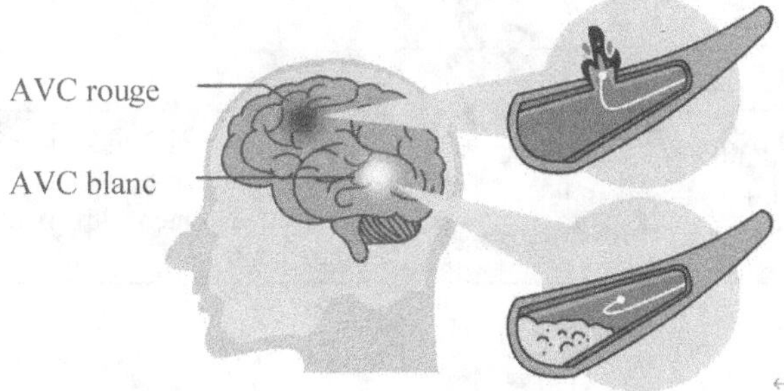

7. Un mini-AVC est-il à cause de l'obstruction d'un petit vaisseau sanguin ?

R : Il arrive souvent que les patients demandent à leur médecin : « Mes symptômes d'AVC sont très légers, s'agit-il d'un petit vaisseau sanguin bloqué ? » Je pense que c'est une idée fausse très fréquente pour le grand public. Il est à savoir qu'un AVC avec des symptômes légers signifie une petite lésion dans le cerveau. Or, les petites lésions peuvent être causées soit par de gros vaisseaux sanguins, soit par des petits.

Il est compréhensible qu'une petite lésion puisse être causée par un petit vaisseau, mais pourquoi un gros vaisseau serait-il à l'origine d'une petite lésion ? L'une des possibilités est qu'une plaque d'athérome dans un gros vaisseau bloque la circulation sanguine. L'autre possibilité est que la plaque du gros vaisseau soit instable et fragmentée et que les petits fragments qui détachés se déplacent avec le flux sanguin et bloquent les petits vaisseaux en aval. L'origine de la lésion se trouve toujours dans les gros vaisseaux . Mais tous les AVCs , qu'ils soient légers ou graves, une fois des symptômes apparaissent, il faut les prendre au sérieux. Il est important de consulter un médecin pour un examen à l'heure afin de prévenir un éventuel AVC majeur.

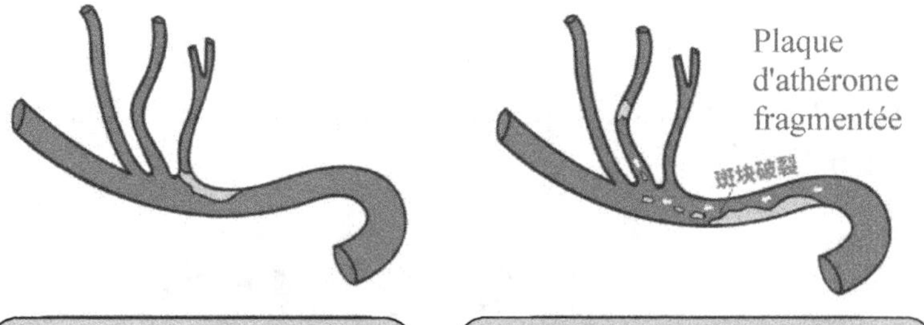

Plaque d'athérome dans un gros vaisseau bloquent les ouvertures des petites artères

Les petits fragments détachés de plaque d'athérome dans un gros vaisseau bloquent les petits vaisseaux en aval

Causes possibles de petits AVCs dus à des lésions de gros vaisseaux

8. Faut-il prendre au sérieux la faiblesse transitoire d'un membre du corps ?

R : Comme indiqué précédemment, la caractéristique la plus typique d'un accident ischémique transitoire est qu'il est ponctuel, qu'il dure quelques minutes ou moins de 24 heures au maximum, et qu'il ne laisse pas de séquelles,
comme s'il n'avait pas d'importance. Cependant, parmi environ un tiers des cas, dans les jours qui viennent les symptômes ne disparaissent plus d'eux-mêmes.

Si l'on considère la maladie comme un ennemi, l'accident ischémique transitoire est comme le "détachement précurseur" de l'ennemi, si vous le prenez au sérieux, elle reournera discrètement. Si vous n'y prêtez pas attention et voire l'ignorez, elle peut être suivie par l'arrivée de la "force de frappe", souvent difficile à se défendre. En prêtant attention au "détachement précurseur" de l'ennemi, nous pourrons tenir l'ennemi à distance et éviter que le véritable coup d'AVC ne se produise plus tard.

9. À l'intérieur du cerveau après un AVC se ressemble à quoi ?

R : L'AVC est une lésion cérébrale, à quoi ressemblera le cerveau après la guérison ? Nous sommes familiers avec les blessures sur la peau, qui laissent souvent des cicatrices si la blessure est profonde, pas de cicatrice si la blessure est superficielle. C'est parce que les cellules de l'épiderme à la surface de la peau peuvent se régénérer. L'endroit blessé sera comblé par les cellules épidermiques. Si la blessure est profonde, les cellules épidermiques ne peuvent pas recouvrir complètement la zone blessée, la peau sera couverte de cellules gliales différentes des cellules d'origine, ce qui entraîne la formation d'une cicatrice. Cependant les cellules neuronales du cerveau n'ont quasiment pas de capacité de régénération, une fois endommagées, elles ne peuvent être remplacées que par d'autres cellules (cellules gliales). De même logique, lorsque les lésions sont importantes, les cellules gliales ne peuvent pas courvrir complètement l'endroit endommagé et à ce moment un tissu cicatriciel et liquéfié est formé au centre de la lésion, entouré de cellules gliales dans l'objectif d'éviter que le tissu normal environnant ne soit davantage endommagé par le tissu liquéfié au centre. C'est ce que l'on appelle une "capsule d'AVC" en raison de sa forme avec le centre creux.

Après avoir subit un AVC, le tissu cérébral peut être remodelé en favorisant son propre fonctionnement par des exercices de réadaptation du patient, de sorte que la zone associée à la zone abîmée du cerveau puisse fonctionner davantage pour compenser la zone abîmée. Si les lésions sont suffisamment importantes pour que les autres zones cérébrales ne puissent pas compenser, des séquelles se produisent. C'est pourquoi, grâce à des exercices actifs, on peut maximiser le fonctionnement des zones cérébrales non endommagées, c'est un moyen efficace de réduire les séquelles.

10. Si la mémoire se détériore, s'agit-il d'une démence ?

R : La caractéristique la plus évidente de la démence est un déclin significatif des fonctions cognitives, communément dit le recul intellectuel, cela se traduit également par les anomalies mentales et comportementales. Les personnes âgées éprouvent souvent la perte de mémoire, ce qui est d'un naturel phénomène normal physiologique.

Cette perte de mémoire physiologique associée au vieillissement est appelée la perte de mémoire bénigne, qui n'a rien à voir avec la démence. La démence est causée par diverses maladies du cerveau, seulement un faible pourcentage de personnes âgées puissent l'atteindre.

- La maladie d'Alzheimer, type de démence le plus courant, est souvent appelée démence sénile qui détruit d'abord le système intellectuel du patient et, plus tard, son système moteur. Cette maladie est fréquente chez les femmes. Dans les derniers stades de la maladie d'Alzheimer, on observe souvent l'alitement prolongé, l'incontinence, la méconnaissance de la nourriture et de la boisson, et la non-reconnaissance sur ses proches.
- La maladie de Parkinson (également connue sous le nom de paralysie tremblante) , bien qu'elle touche principalement le système moteur du patient, à un stade plus avancé, elle peut également perturber le système intellectuel et entraîner l'apparition de symptômes de démence.
- L'AVC, lorsqu'il endommage gravement les zones cérébrales associées aux fonctions cognitives, peut également conduire à la démence. Ce type de démence est causé par des lésions des vaisseaux sanguins dans le cerveau, également connue sous le nom de démence vasculaire.
- Il existe également d'autres types rares de démence, comme la démence à corps de Lewy.

Comme nous le savons, un état d'esprit optimiste et positif est très important pour la santé de l'organisme tout entier. Il est donc important que les personnes âgées maintiennent un bon état d'esprit et un mode de vie régulier et sain. Si vous craignez toujours être rattrapé par la démence, à cause de votre anxiété vous risquerez davantage d'en dévoloper une.

11. Quelle est la probabilité de rattraper un autre AVC après avoir subit un ? Pourquoi est-il facile de se reproduire ?

R : L'AVC est une maladie dont le taux d'incidence, de récurrence, d'invalidité et de mortalité est élevé. Des études ont montré qu'en Chine, un patient sur six présente une réapparition de la maladie dans l'année qui suit, et un sur trois dans les trois à cinq ans qui suivent. Par rapport aux pays occidentaux, le taux de récurrence en Chine est 2 fois plus élevé.

La réapparition d'un AVC est assez fréquant s'explique par le fait que, la cause initiale de l'AVC n'a pas été éliminée malgré un traitement approprié après la première attaque. Certains facteurs de risque de l'AVC, tels que l'hypertension, la glycémie, l'hyperlipidémie, le tabagisme et l'athérosclérose, sont toujours présents.

Près de la moitié des accidents vasculaires cérébraux qui surviennent chaque année en Chine sont des récidives , et plus de la moitié de ces récidives sont dues au non-respect des conseils médicaux. Il est donc important de suivre les conseils médicaux pour prendre régulièrement ses médicaments a et de prendre des précautions nécessaires. Les patients présentant des séquelles doivent être rééduqués par la suite. Il est également important de préserver sa santé mentale et de de prendre des précautions dans la vie quotidienne, par exemple en cas de conditions climatiques extrêmes et d'assurer un suivi régulier.

12. Quels sont les risques de décès après avoir subit un AVC ? L'espérance de vie est-elle affectée une fois être attaqué par un AVC ?

R : Comme indiqué précédemment, le taux de mortalité global pour tous les types d'AVC dans les 28 jours est de 11% dont 3% pour l'infarctus cérébral, 19% pour l'hémorragie sous-arachnoïdienne et 47% pour l'hémorragie cérébrale. Pour les patients qui survivent après 28 jours, le taux de mortalité global à 5 ans est de 17%, dont 16% pour l'infarctus cérébral, 16% pour l'hémorragie sous-arachnoïdienne et 28% pour l'hémorragie cérébrale. L'espérance de vie après un AVC dépend de la récupération suivie du traitement et de l'état physique du patient.Dans les cas bénins, les patients bien traités vivent à peu près aussi longtemps que les personnes normale.Dans les cas graves, la vie du patient sera affectée et son espérance de vie réduite. Quelle serait la durée de vie d'un patient présentant des symptômes résiduels tels qu'une hémiplégie ? Tout d'abord, il est important de comprendre que ce ne sont pas ces séquelles qui mettent directement en danger la vie du patient, mais qu'elles peuvent être dues à l'état dans lequel se trouve le patient. Il se peut que les complications soient dues à une rééducation et à des soins inadéquats à un stade ultérieur. Chez les patients déjà très affaiblis, ces complications peuvent directement mettre leur vie en danger. Il est donc important de rééduquer et de soigner les patients ayant subi un AVC et présentant diverses séquelles.

13. En Chine, quelle est la place de l'AVC parmi les maladies mortelles ?

R : Des données publiées en 2019 relatives à la charge mondiale de morbidité, en analysant les données sur les causes de décès de la population chinoise de 1990 à 2017. Parmi les 282 catégories de causes de décès, les cinq principales causes les plus courantes chez les chinois étaient : les AVC, les cardiopathies ischémiques, le cancer du poumon, les maladies pulmonaires obstructives chroniques et le cancer du foie. L'AVC est donc la première cause de décès en Chine ces dernières années, ce qui montre que la tâche d'améliorer la santé de la population et de prévenir les AVC en Chine est très importante [Source de données : Lancet, 2019, 394 (10204) :1145-1158].

卒中：AVC
缺血性心脏病:Maladie cardiaque ischémique
肺癌：Cancer du poumon

14. Comment la mortalité due à l'AVC a-t-elle évolué depuis ces dernières décennies et a-t-elle diminué ?

R : Selon les statistiques de la La charge mondiale de morbidité, le nombre de décès dus aux AVC en Chine a augmenté chaque année entre 1990 et 2017. Les AVC passant de la troisième à la première cause de décès en Chine. En 2017, le taux de mortalité a augmenté de 41% par rapportà celui de 1990.

Les chiffres ci-dessus concernent tous les groupes d'âge, en raison de la forte proportion des personnes âgées,après élimination du facteur d'âge, le taux de mortalité en 2017 était inférieur de 33,5% à celui de 1990. Cela montre une diminution de 33,5% de la mortalité par AVC en 2017 par rapport à 1990 due aux progrès technologiques, à l'amélioration des soins médicaux et à l'importance accordée par le public à la santé. Selon l'évolution de la mortalité par AVC au cours des dix dernières années , le nombre de décès dus aux AVC a augmenté, mais le risque de décès des patients subit d'un AVC a été considérablement réduit grâce aux progrès des soins médicaux et, même en cas d'avoir subit un AVC, les patients survivent plus longtemps [source: Lancet, 2019, 394 (10204) :1145-1158]

15. Les résidents chinois sont-ils plus faciles à être victimes d'un AVC ?

R : Selon les données relatives à la charge mondiale de morbidité, le risque d'AVC est de 24,9% pour la population mondiale.Ce qui signifie 1 personne sur 4 ayant subi un AVC. Pour la population chinoise, le risque est de 39,3%, soit 1 personne sur 2,5. Nous sommes l'un des pays où le risque d'AVC est le plus élevé. Il est donc important d'utiliser le pouvoir de la société, des familles et des individus pour réduire les risques d'AVC. [Source : NEngl J Med, 2018, 379(25) :2429-2437].

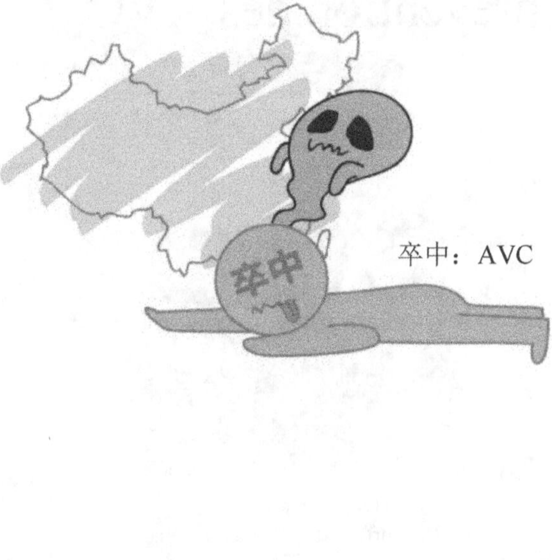

卒中：AVC

Chapitre 2

Facteurs de risque et prévention des AVC

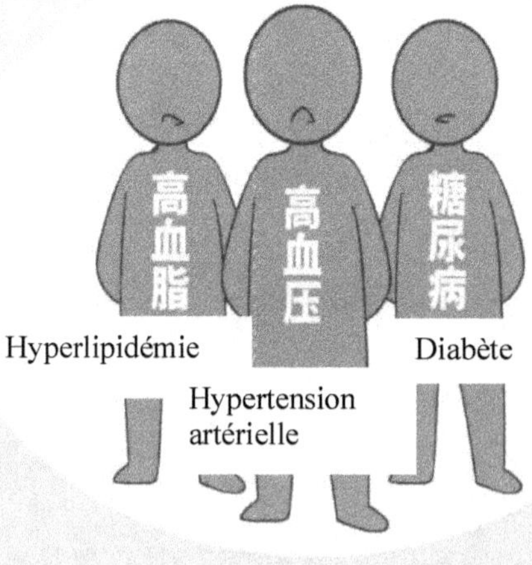

Les facteurs de risque d'AVC sont divisés en deux catégories : les facteurs non-interventionnels et les facteurs interventionnels. Les facteurs non-interventionnels comprennent l'âge, la race, les facteurs génétiques, etc. Les facteurs interventionnels sont les principaux facteurs de risque pour la prévention des AVC comprennant l'hypertension, le diabète, la dyslipidémie, certaines maladies cardiaques, le tabagisme, la consommation d'alcool, le régime alimentaire, le surpoids ou l'obésité, le manque d'exercise physique, les problèmes psychologiques. Une étude portant sur 32 pays dans le monde a montré que 90,7% des AVC sur la planète étaient associés à ces 10 facteurs de risque interventionnels. Pour la population chinoise ces 10 facteurs de risque étaient causes des 94,3% des cas d'AVC. Cela suggère que l'AVC peut être évité pour la plus part de cas en adoptant un mode de vie plus sain et en contrôlant les facteurs de risque.

Ces 40 dernières années, les pays occidentaux développés ont accordé une attention particulière aux AVC et adopté des mesures de prévention efficaces qui ont réduit l'incidence des AVC de 40%, tandis que dans les pays en développement, l'incidence des AVC a doublé en raison des changements de mode de vie et de l'absence de mesures préventives, et a dépassé celle des pays développés.

视频 3
形成

Section 1 Hypertension

Parmi les nombreux facteurs de risque d'un AVC, le plus important est l'hypertension artérielle. Or, elle est une véritable tueuse silencieuse. Elle ne fait montrer généralement pas de symptômes visibles, elle ne serait détectée qu'avant une conséquence grave tel qu'un AVC.

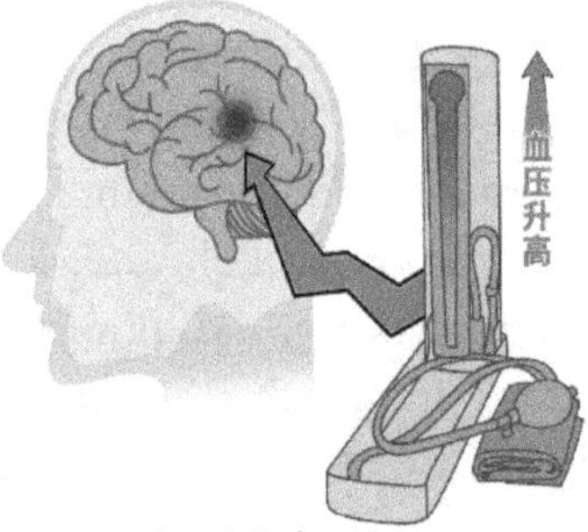

血压升高：
Augmentation de la tension artérielle

I. Connaissance de base

1. Définition et classification de l'hypertension

3 次测量都高，真得高血压了
Les résultats des trois mesures sont élevés,ce qui signifie que j'ai vraiment l'hypertension artérielle.

Lorsque le sang systolique ou diastolique du cœur, il exerce une pression sur les parois des vaisseaux sanguins, et cette pression est connue sous le nom de tension artérielle (systolique / diastolique). Une pression artérielle supérieure à la normale est est l'hypertension. Si la pression artérielle systolique/diastolique (communément appelée pression haute/ basse) est ≥ 140/90 mmHg sur trois jours différents sans prise de médicaments antihypertenseurs, l'hypertension est diagnostiquée. Comme les valeurs de la tension artérielle sont influencées par des facteurs émotionnels tels qu'excitation, l'agitation, le stress, etc., une seule mesure n'est pas suffisante. Le diagnostic est généralement posé après 3 mesures (pas le même jour). Le tableau 2.1 présente la classification de la pression artérielle.

Tableau 2.1 Classification de la tension artérielle

Classification	Tension artérielle (en mmHg)
Tension normale	Tension artérielle systolique/diastolique <120/80
Tension artérielle normale élevée	Tension artérielle systolique/diastolique <130/85
Hypertension artérielle critique	Tension systolique 130 ～139 · tension diastolique 85 ～89
Hypertension	Tension artérielle systolique/diastolique ≥ 140/90
Hypertension légère	Tension systolique 140～159 et (ou) tension diastolique 90～99
Hypertension modérée	Tension systolique 160 ～179 et (ou) ten sion diastolique 100 ～109
Hypertension sévère	Tension systolique≥180 et (ou) tension diastolique≥110
Hypertension systolique simple	Tension systolique≥140 tension diastolique<90

Note : Lorsque la tension artérielle systolique et diastolique sont classées à des échelons différents, c'est la classification plus élevée qui fait foi. Se référer aux lignes directrices chinoises pour la prévention et le traitement de l'hypertension.

2. Types de l'hypertension

Il existe deux types d'hypertension : l'hypertension primaire et l'hypertension secondaire. La majorité des cas sont d'hyperension primaire, qui sont associés à la génétique, à l'environnement et à de mauvaises habitudes de vie, et se développe généralement après l'âge de 40 ans. L'hypertension secondaire, qui représente environ 5 % des cas, est due à une cause précise, le plus souvent une maladie rénale, telle que la néphrite, la sténose de l'artère rénale et la sténose de l'artère rénale. Dans ces cas, l'hypertension apparaît généralement à un jeune âge et la valeur de tension est élevée. Ce type de tension revient généralement à la normale après le traitement de la maladie primaire.

3. Facteurs de risque d'hypertension artérielle

Les facteurs de risque de l'hypertension concernent les aspects génétiques, l'âge, l'alimentation riche en sel, tabagisme, consommation d'alcool (consommation chronique importante d'alcool) ; d'autres facteurs tels que l'obésité, le manque d'activité physique et le stress émotionnel chronique accroissent également le risque d'hypertension artérielle.

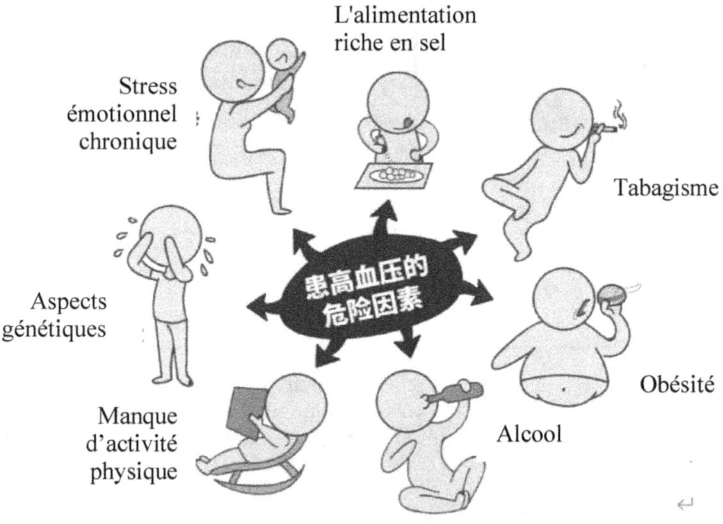

患高血压的危险因素

Les facteurs de risque de l'hypertension

Les groupes à risque pour l'hypertension comprennent donc: les personnes ayant des historiques familiaux d'hypertension, les personnes âgées de plus de 50 ans, et les personnes avec de mauvaises habitudes de vie (goût excessif, excès de sel, tabagisme excessif chronique, consommation d'alcool, obésité, manque d'exercice physique, etc.) et les personnes souffrant de stress chronique et de pression excesive psychologique.

4. Les conséquences de l'hypertension

Ce qui est inquiétant pour l'hypertension, ce n'est pas l'augmentation de la pression artérielle, mais la perturbation des vaisseaux sanguins qui provoqueront par la suite des dégâts aux organes vitaux tels que le cœur, le cerveau, les reins et les yeux. Par conséquent, lorsque vous souffrez d'hypertension, il est important de la faire soigner à temps réel afin d'éviter les diverses complications qu'elle pourrait engendrer. Pourquoi l'hypertension artérielle entraîne-t-elle ces complications ? Quand le sang circule chez un patient d'hypertesion sans traitement à l'heure, les parois des vaisseaux sanguins sont soumises en permanence à une haute pression, et ils vont progressivement se durcir et s'épaissir (comme un tuyau en caoutchouc arrosant les champs soumis à une forte pression d'eat pendant longtemps, il se durcit et s'abîme). Cela conduit à l'athérosclérose et se développe ultérieurement en plaques d'athérome, ce qui entraîne de diverses maladies cardiovasculaires et cérébrales. En outre, l'hypertension artérielle à long terme cause une perte progressive de l'élasticité et de la résistance des parois des vaisseaux sanguins, ce qui peut entraîner des déformations et des microanévrismes se forment où les vaisseaux sanguins deviennent plus faible (généralement dans le cerveau en raison de sa nature tortueuse). Lors d'un stress émotionnel, la toux ou les selles avec de la force, l'augmentation soudaine de la pression artérielle peut entraîner la rupture du microanévrisme et provoquer une hémorragie cérébrale. Ce groupe d'anévrisme associé à l'hypertension artérielle est comme une "bombe intempestive". L'hypertension est donc un facteur de risque majeur pour les maladies cardiovasculaires.

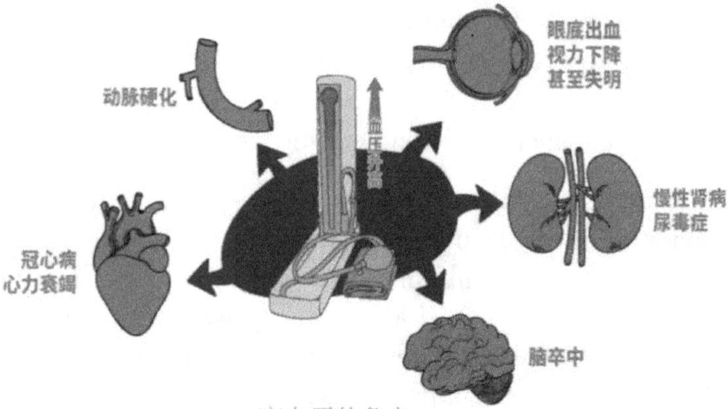

高血压的危害

高血压的危害：Les conséquences de l'hypertension artérielle
动脉硬化：Artésclérose
冠心病心力衰竭; Insuffisance cardiaque coronarienne
眼底出血视力下降甚至失明: Hémorragie dans le fond de ses yeux, perte de vision ou même aveuglement
慢性肾病尿毒症: Maladie rénale chronique urémique
脑卒中: Accident vasculaire cérébral
血压升高：Augmentation de la tension artérielle

- **Les lésions des vaisseaux sanguins cérébraux :** les plaques d'athérosclérose peuvent entraîner une ischémie cérébrale (rétrécissement ou occlusion des vaisseaux sanguins) ou une hémorragie cérébrale (rupture d'anévrisme).
- **Les lésions cardiovasculaires :** le cœur est la "pompe à sang" pour le corps tout entier ; les patients souffrant d'hypertension artérielle doivent surmonter l'augmentation de la pression vasculaire pour pouvoir pomper le sang du cœur vers les vaisseaux sanguins de l'ensemble du corps. Avec le temps, cela peut entraîner une hypertrophie du muscle cardiaque, une réduction de la capacité de pulsation, des arythmies et, une insuffisance des fonctions cardiaque à un stade plus avancé.
- **Les lésions des reins :** les reins sont la "pompe de filtration" qui évacue les déchets métaboliques de notre corps, la pression

artérielle est une pression de filtration importante qui contrôle le bon fonctionnement du processus de la "filtration" du sang. Une hypertension chronique peut entraîner une sclérose des petites artères rénales, et une haute "pression de filtration" peut conduire à la "compression" forcée de certaines substances importantes (par exemple, les protéines) dans l'urine, ce qui se traduit par la formation de l'"urine protéique" ; en revanche, de nombreux déchets métaboliques peuvent rester dans le sang et à un stade avancé, peuvent même se transformer en "urémie".

- **Les Lésions des vaisseaux sanguins du fond de l'oeil :** une hypertension de longue durée peut entraîner raidissement, constriction, rétrécissement et hémorragie des petites artères du fond de l'oeil. Si l'hypertension n'est pas prise au sérieux, une hémorragie du fond de l'oeil, un glaucome aigu et une diminution de la vision peuvent se produire, souvent accompagnés d'une douleur oculaire et de maux de tête.

5. Prévention et traitement de l'hypertension

(1) Prévention : certains des facteurs de risque d'hypertension mentionnés ci-dessus peuvent être maîtrisés. La prévention de l'hypertension consiste à éviter une alimentation riche en sel et en graisses (moins de viandes grasses, fumées et salées), à contrôler du poids, à arrêter de fumer, à limiter la consommation d'alcool, à faire des exercices physiques, à réduire le stress mental et à maintenir une bonne équilibre psychologique, etc., tout cela représente des leviers d'amélioration du mode de vie, qui ne sont pas seulement favorables pour la prévention de l'hypertension artérielle(personnes risquant se developpent en patients), mais aussi pour le traitement de l'hypertension (aider les patients souffrant d'hypertension à prendre des mesures pour mieux maîtriser la tension après avoir pris de médicaments).

(2) Médication : Il existe six types principaux de médicaments contre l'hypertension et votre médecin choisira celui qui vous convient le mieux pour votre propre état de santé. Il est important d'adopter un mode de vie sain une fois vous êtes sous médicaments contre l'hypertension, qui doivent généralement être pris régulièrement pour toute la vie.

- **Bloqueurs des canaux calciques (CCB) :** un groupe de médicaments dont le nom contient la racine"diphé-".et sont en général appelés la famille « diphé », comme l'amlodipine, un médicament de troisième génération, c'est actuellement le médicament ayant la plus longue durée d'action de tous les médicaments antihypertenseurs, il se prend une fois par jour.Ce groupe de médicaments dilatent directement les vaisseaux sanguins et affectent l'élasticité des artères, ils sont principalement utilisés contre l'hypertension relative à l'athérosclérose. C'est l'un des médicaments antihypertenseurs les plus courants.
- **Inhibiteurs de l'enzyme de conversion de l'angiotensine (ACEI) :** Ces médicaments sont souvent connus par la racine "pril-" dans leur nom et sont généralement appelé la "famille pril", tels que le bénazépril, le captopril. L'angiotensine II est un puissant vasoconstricteur qui joue un rôle majeur dans l'hypertension. Ce groupe de médicaments peut inhiber la production de ce vasoconstricteur, ce qui permet d'abaisser la tension artérielle.

En plus de la réduction de la pression artérielle, ce groupe de médicaments ont deux autres effets : la réduction des protéines urinaires et le retardement des lésions rénales (protection des reins). Ils sont donc les médicaments de premier choix pour les patients atteints de maladies rénales et de diabète sucré qui souffrent de l'hypertension. Cependant, les effets secondaires de ces médicaments comprennent la toux sèche, l'augmentation du potassium et de la créatinine, Il est fréquent de se produire la toux sèche chez les Asiatiques de l'Est, de nombreuses personnes arrêtent de prendre ces médicaments à cause de la toux sèche insupportable. Les deux derniers effets secondaires sont moins fréquents mais sont autant dangereux lorsqu'ils se produisent.

• **Les bloqueurs des récepteurs de l'angiotensine(ARB):** Ce groupe de médicaments contiennent la racine "sartan" dans leur nom. Ils sont communément appelés "famille sartans", comme le valsartan et le candésartan etc. Ce groupe de médicaments sont les ACEI, ont trois fonctions principales : la baisse de la pression artérielle, la baisse des protéines urinaires et la protection des reins. Mais les ARB sont plus sûrs et n'ont pas d'effets secondaires de la toux sèche, l'augmentation du taux de potassium et de créatinine dans le sang est également faible donc les ARB remplacent progressivement les ACEI ces dernières années.

Remarque: les ACEI et les ARB ne doivent pas être utilisés ensemble.

• **Les β-bloqueurs :** la plupart de ce groupe de médicaments contiennent la racine "lol" dans leur nom. Par exemple, l'aténolol, le bisoprolol, etc. Ces médicaments ont la fonction protectrice pour le cœur. Ils sont le choix proritaire pour les patients souffrant d'une maladie coronarienne ou d'une défaillance cardiaque, ou pour ceux qui souffrent d'hypertension dont la pression diastolique est plus élevée (pression basse); c'est également le premier choix pour les personnes souffrant de stress et d'anxiété (excitation sympathique), c'est-à-dire les facteurs psychologiques jouent un rôle majeur pour leur hypertension . En revanche, il est interdit pour les patients présentant une cardiopathie avec bloc auriculo-ventriculaire du deuxième degré ou plus.

• **Les diurétiques :** par exemple l'hydrochlorothiazide, ce groupe de médicaments ne sont utilisés pour excréter de l'urine, mais pour excréter du sodium. L'apport excessif de sodium est une des causes majeures d'hypertension, en plus extra de sodium dans l'organisme peut inhiber l'efficacité de certains médicaments antihypertenseurs. Ces médicaments sont les médicaments de base qui peuvent être utilisés avec tout autre type antihypertenseur.

• **Les α-bloqueurs :** ce groupe de médicaments abaisse la tension artérielle en dilatant directement les vaisseaux sanguins donc l'effett sur la tension est plus important, par conséquent un effet secondaire majeur se produit appelé une hypotension verticale (c'est-à-dire une hypotension ou même un effondrement se produit lors d'un soulèvement soudain à partir d'une position couchée ou accroupie). Il n'est pas recommandé comme médicament antihypertenseur de première intention et est en effet rarement prescrit. Il est principalement conseillé pour des hypertensions graves telle qu'une hypertension rénale.

6. Principes du traitement de la pression artérielle en cas d'hypertension

Idéalement nous voulons que le niveau de la pression artérielle soit maîtrisé par les trois éléments suivants :

(1) Baisse progressive. Cela signifie que la pression artérielle doit être abaissée en douceur tout en évitant la flucturation. Seuls les médicaments antihypertenseurs à effet durable peuvent y parvenir, comme l'amlodipine, qui permet d'obtenir une baisse stable de la pression artérielle sur 24 heures.

(2) Conformité à la norme. Dans la population générale, la tension artérielle doit être ramenée à 140/90 mmHg ou moins. Pour les patients à haut risque tels que ceux souffrant de maladies rénales ou de diabète, la tension artérielle doit être ramenée à 130/80 mmHg ou moins. C'est ce qu'on appelle la conformité à la norme. La pression artérielle à la norme réduit considérablement le risque des complications.

(3) Protection des organes. L'abaissement de la tension artérielle doit s'accompagner d'une protection des organes vitaux tels que le cœur, le cerveau et les reins, afin d'éviter les complications. Il est largement admis que les bloqueurs des canaux calciques (CCB), les inhibiteurs de l'enzyme de conversion de l'angiotensine (ACEI), les bloqueurs des récepteurs de l'angiotensine (ARB) et les β-bloqueurs sont considérés comme des médicaments protecteurs des organes.

7. Les principes de la prise de médicaments antihypertenseurs

(1) Médication personalisée : vous ne devez pas choisir le médicament selon les bons effets que vos amis ou voisins ont obtenus. En effet, l'état de santé est différent pour chaque individu. Il faut choisir les médicaments qui vous convient, sous conseils de

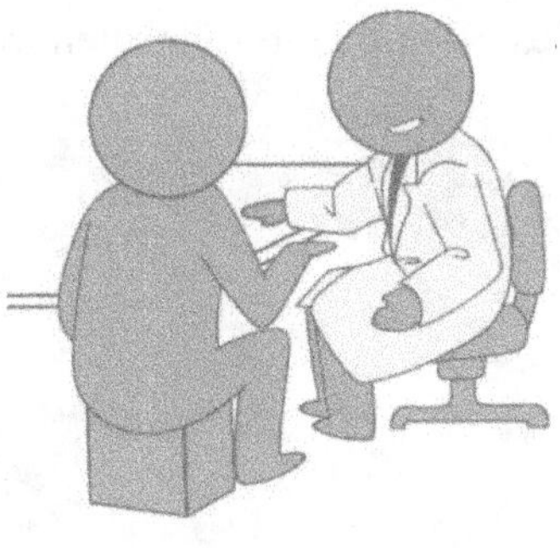

votre médecin en fonction de votre propre état de santé.

(2) Choisir des médicaments à effet de longue durée : la prise de ces médicaments est une fois par jour, ce qui réduit considérablement les oublis. Non seulement l'effet est maintenu pendant une longue durée, mais ils maintiennent également la tension artérielle d'une façon stable pendant 24 heures.

(3) Medication combinée : Un seul médicament est conseillé pour l'hypertension légère et précoce, une combinaison de deux à trois médicaments est généralement recommandée pour le reste des cas. Les patients d'hypertension légère peuvent également commencer par une combinaison de médicaments de petite dose. L'avantage de la médication combinée est qu'il y a moins d'effets secondaires et plus efficace.Note: Si un seul type de médicament antihypertenseur ne contrôle pas bien la pression, il faudra y rajouter d'autres variétés au lieu d'augmenter la dose, car l'augmentation de dose conduira beaucoup plus d'effets secondaires sans garantir l'amélioration de l'efficacité.

(4) Prise de médicament à temps: comme la durée d'entretien de chaque médicament est fixe, il faut prendre les médicaments à temps pour garantir une concentration stable du médicament dans le sang, ce qui assure ainsi un contrôle stable de la tension artérielle.Eviter de prendre les médicaments quand vous sentez en avoir besoin, c'est-à-dire que vous ne les prenez que quand vous constatez la hausse de tension et que vous arrêtez de les prendre lorsqu'elle est retombée au niveau normal.Dans ce cas, votre tension fluctuera toujours et les complications surviendront pendant les flucturations.

Petite question courante

Huang, femme, 52 ans.
Q : Je suis une patiente d'hypertension qui prend habituellement des médicaments antihypertenseurs. Que dois-je faire dans un cas d'oubli ?
R : Ne vous inquiétez pas en cas d'oubli, ne combinez surtout pas les deux doses car cela peut entraîner une chute importante de la tension qui puissent conduire à des conséquences graves. En général, il n'est pas nécessaire de rattraper après l'oubli d'une dose d'un médicament d'effet de longue durée, mais vous devez surveiller les changements de tension artérielle.

8. Objectifs de baisse de la tension artérielle pour les patients souffrant d'hypertension

Pour les patients généraux l'objectif ciblé est que : la pression baisse à moins de 140/90 mmHg. Pour les tolérants et certains patients à haut risque présentant une combinaison de plusieurs facteurs de risque vasculaire (par exemple, en combinaison avec diabète), l'objectif est de réduire à <130/80 mmHg.

La manière pour abaisser la pression artérielle : sauf en cas d'hypertension aiguë, où une augmentation soudaine entraînant des mauvais symptômes évidents importants (qui nécessite une baisse rapide), pour la plupart des patients, en fonction de leur état, la pression doit être réduite progressivement jusqu'au niveau d'objectif ciblé sur une période de 1 à 3 mois.

9. Objectifs antihypertenseurs pour les patients âgés

Le moment et les valeurs cibles pour l'instauration d'un traitement antihypertenseur chez les patients âgés sont variés. Ils doivent être déterminés en fonction de l'âge , de la fragilité du corps, du niveau de pression artérielle et des autres lésions organiques (tableau 2.2).

<table>
<tr><td colspan="3">Tableau 2.2 Le moment et les valeurs cibles pour l'instauration d'un traitement antihypertenseur chez les patients âgés</td></tr>
<tr><td>Age</td><td>Le moment d'instauration d'un traitement antihypertenseur</td><td>Objectifs de baisse</td></tr>
<tr><td>65 ~ 79 ans</td><td>Tension artérielle ≥ 150/90 mmHg</td><td>D'abord être abaissée à < 150/90 mmHg. Si patient toléré, réduction supplémentaire à < 140/90 mmHg</td></tr>
<tr><td>≥ 80 ans</td><td>Pression systolique ≥ 160 mmHg</td><td>< 150/90 mmHg</td></tr>
<tr><td colspan="3">Médicaments d'antihypertenseurs : chez les personnes âgées, les diurétiques, les CCB , les ACEI/ARB peuvent tous être utilisés comme traitement d'instauration ou de combinaison. Chez les patients âgés d'une hypertension non combinée avec les autres maladies, les bloqueurs β ne doivent pas être privilégiés.</td></tr>
</table>

Note : CCB, inhibiteur calcique ; ACEI, inhibiteurs de l'enzyme de conversion de l'angiotensine ; ARB, bloqueur des récepteurs de l'angiotensine.

II. Questions et réponses

1. Quelles sont les précautions lors de la mesure de la pression artérielle ?

R : Lors de la mesure de la tension artérielle, à noter que :

(1) Dans un environnement calme et confortable à la température ambiante.

(2) Repos de quelques minutes en position assise, les jambes écartées.

(3) Non pas parler.

(4) Cigarettes, alcool et café à éviter avant la mesure.

(5) Mesure bilatérale lors de la première visite.

血压测量注意事项

Les précautions lors de la mesure de la tension artérielle

(6) Le brassard ne doit pas être attaché à un vêtement épais ni enroulé trop serré autour de la partie supérieure du bras.

Entre autres, soyez conscient d'un syndrome de stress lors de la mesure : le syndrome de la blouse blanche.

Certaines personnes sont inconsciemment nerveuses len présence d'un médecin, ce qui provoque une augmentation de tension artérielle. C'est ce qu'on appelle le "syndrome de la blouse blanche". Si vous prenez la tension artérielle pour la première fois， le médecin pourrait la reprendre 10 minutes plus tard afin d'éviter les facteurs émotionnels. Une fois qu'une hypertension artérielle est diagnostiquée, il est conseillé de garder un tensiomètre à la maison. L'autocontrôle régulier à domicile vous permet d'éviter le "syndrome de la blouse blanche" et de vous informer à temps l'était de contrôle de votre tension artérielle.

2. À quelle fréquence faut-il prendre la tension artérielle ?

R : Les adultes devraient faire mesurer leur tension au moins une fois par an, même s'il n'y a pas de symptômes, surtout pour ceux ayant des membres de la famille souffrant d'hypertension artérielle ou de maladie cardiovasculaire. Lorsque vous ressentez des symptômes tels que des vertiges, des maux de tête ou des troubles de la vision, il vaut mieux faire mesurer sa tension artérielle.

多久测一次？
À quelle fréquence est-elle mesurée ?

3. Quand commencer à prendre des médicaments antihypertenseurs ?

R : Tout d'abord, il faut être conscient qu'il n'est pas nécessaire de prendre des médicaments contre l'hypertension dès que l'on découvre en être atteint. Quand dois-je commencer à les prendre ?

- En général, si la tension artérielle observée reste supérieure à 140/90 mmHg après l'amélioration du mode de vie au bout de 1 à 3 mois, un traitement médicamenteux doit être mis en place.
- Plus précisément, le moment de la prise du médicament dépend du niveau d'évaluation du risque cardiovasculaire. Pour les patients présentant un risque moyen, la surveillance peut durer quelques semaines afin d'évaluer si les organes cibles sont endommagés, si la tension artérielle n'est toujours pas conforme à la norme après l'amélioration du mode de vie, la médication doit être mise en place. Pour les patients à faible risque, la surveillance peut durer de 1 à 3 mois, si possible la tension artérielle étant contrôlée à domicile avec l'amélioration du mode de vie, quand la tension artérielle n'atteint toujour pas la norme, il faudra commencer à prendre des médicaments antihypertenseurs.
- Outre les conditions à risque faible ou modéré ci-dessus, les patients souffrant d'hypertension qui présentent un risque élevé ou très élevé de maladie cardiovasculaire doivent prendre des médicaments sans tarder.

4. Quel est le bon moment de la journée pour la prise de médicaments antihypertenseurs ?

R : La tension artérielle du corps humain est élevée la journée et basse la nuit, avec une tendance d'évolutionn globale similaire à celle d'une cuillère, d'où le nom de "tension en forme de cuillère". La tension artérielle normale varie selon le trajet suivant: Il y a deux heures de pointe sur 24 heures, la tension augmentant progressivement le matin après le réveil et atteignant son maximum entre 8 et 10 heures du matin, puis baisse graduellement, avant d'augmenter à nouveau entre 16 et 18 heures, en suite diminue lentement jusqu'à son point le plus bas entre 2 et 3 heures du matin.

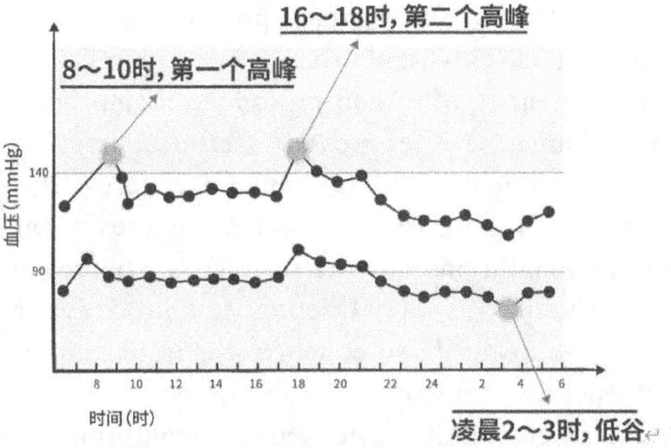

Graphique sur les fluctuations de la tension artérielle sur 24 heures (élevée pendant la journée, basse la nuit)

血压：Tension artérielle
8-10 时，第一个高峰：8-10 heures premier pic
16-18 时，第二个高峰：16-18 heures, deuxième pic
凌晨 2-3 时，低谷：2-3 heures du matin, point bas

En théorie, il est plus efficace de prendre des médicaments antihypertenseurs avant l'heure pointe. Toutefois, en pratique, chaque individu est différent et prend différents types de médicaments ; par conséquent, le moment de la prise de médicaments doit également être personnalisé. Le régime médicamenteux actuel est généralement divisé en plusieurs scénarios ci-dessous.

(1) Médicaments antihypertenseurs à effet durable: la prise est d'une fois par jour, le plus souvent au matin. Comme la plupart des gens ont une tension artérielle élevée le matin après le réveil, on l'appelle de " pic de tension artérielle

matinale"; pour de nombreux patients qui ne maîtrise pas bien leurs tension, ce pic de tension matinal les expose aux risques accrus d'événements cardiovasculaires tels que l'angine de poitrine ou l'infarctus du myocarde,les AVC etc. C'est pourquoi il est souvent recommandé de prendre des médicaments antihypertenseurs dès le réveil au matin pour contrôler la tension et en même pour prévenir tout événement soudain cardiovasculaire.

(2) Médicaments à effet non prolongée (comprimés à libération prolongée, à effet moyen, à effet court): 2 à 3 fois par jour. La plupart des cas prennent 2 doses. Il est conseillé de prendre la dose du jour 1 à 2 heures avant le pic, une dose au matin une dose au soir. Vers 7 heures du matin après le réveil et avant 19 heures le soir, à éviter de les prendre juste avant de se coucher, car la tension artérielle baisse généralement la nuit.

(3) Médicaments antihypertenseurs en comprimés à libération contrôlée: la prise peut être à n'importe quel moment de la journée, mais Il faut fixer à la même heure. Comme la concentration de médicament libéré dans le sang est constante, les comprimés à libération contrôlée peuvent être pris à n'importe quel moment de la journée, mais l'effet maximal du médicament n'est obtenu qu'en le prenant à la même heure chaque jour. Si les comprimés sont pris à différents moments de la journée, la concentration de ces médicaments dans le corps n'est pas constante ainsi l'effet du médicament sera instable.

En résumé, le principe en matière du moment de la prise de médicaments est qu'après les médicaments, votre tension artérielle est plus stable, vous pouvez donc les prendre à ce moment-là. L'heure idéale de la prise est individualisée et il vaut mieux de la déterminer par le profil de tension artérielle suivi sur 24 heures. En particulier pour les patients dont la pression est mal contrôlée, il faut réaliser une surveillance médicale ambulatoire de la pression sur 24 heures et se faire conseiller par leur médecin sur la fixation du moment de la prise.

5. Dois-je prendre mes médicaments antihypertenseurs avant ou après un repas ?

R : La prise des médicaments antihypertenseurs avant ou après les repas est variable d'un médicament à l'autre. Il existe plusieurs cas comme listés suivants :

- Les médicaments nécessitant pas de distinction entre avant ou après les repas : les inhibiteurs de l'enzyme de conversion de l'angiotensine (famille pril-) et les β-bloqueurs (famille lol), la seule exception est captopril à effet de courte durée qui est affecté par la nourriture et est mal absorbé après un repas. Il est ainsi recommandé de le prendre une heure avant le repas. En plus, pour certains patients âgés, insuffisants cardiaques ou diabétiques, afin d'éviter l'hypotension causée par le jeûne, ces deux types de médicaments sont recommandés d'être pris avec de la nourriture dans l'objectif de retarder l'absorption.
- Médicaments à prendre à jeûne : félodipine et comprimés à libération prolongée.
- Médicaments appropriés à prendre au matin : les diurétiques, car la prise au soir peut provoquer une polyurie entraînant des troubles du sommeil.
- Médicaments à prendre après les repas : Hydrochlorothiazide, le médicament peut être absorbé rapidement mais pas complètement.

La prise après repas peut aider à améliorer l'absorption. En plus, les comprimés de vérapamil à libération prolongée (Isoptin) est également recommandé à prendre après repas, car il provoquerait des maux d'estomac si pris à jeûne.

6. Quand puis-je envisager de réduire ou d'arrêter ma médication antihypertensive ?

R : De nombreux patients se préoccupent des conditions dans lesquelles ils peuvent réduire, voire arrêter, leur traitement antihypertenseur. Nous aimerions vous dire qu'en général, vous devez persistent à prendre les médicaments antihypertenseurs pour une longue période. Ce n'est que dans quelques cas que le traitement peut être réduit, voire arrêté, en fonction des circonstances spécifiques.

(1) L'hypertension secondaire, lorsque la cause précise a été identifiée et que la tension artérielle revient à la normale après un traitement approprié, dans ce cas là les médicaments antihypertenseurs peuvent être interrompus.

(2) La pression artérielle varie selon les saisons, elle baisse quand la température est élevée (par exemple en été), elle remonte quand la température baisse (en automne et hiver) Les patients peuvent ajuster leur dose en fonction de l'augmentation et de la baisse de leur tension artérielle. Si la pression artérielle est presque normale en été, la dose peut être réduite ou même arrêtée. En revanche, en automne et en hiver, la tension artérielle revient à son niveau initial et la dose du médicament doit être aussi revenir à son niveau initial. Ilest conseillé de consulter un spécialiste pour ajuster les doses afin d'éviter les symptômes causés par les fluctuations de la pression artérielle.

这些情况下，降压药可适当减量！
Sous ces conditions là,les doses de médicaments antihypertenseurs peuvent être réduites de manière appro-

(3) Pour certains patients souffrant d'hypertension légère, en même temps que la prise de médicaments, il faut aussi

abandonner les mauvaises habitudes de vie quotidienne, une fois que la tension artérielle a été contrôlée de manière satisfaisante et stable pendant un certain temps, on peut envisager de réduire progressivement les doses voire d'arrêter le traitement, tout en surveillant de près les niveaux de tensionartérielle afin d'éviter une réhausseaprès l'arrêt du médicament.

Variations saisonnières de la pression artérielle

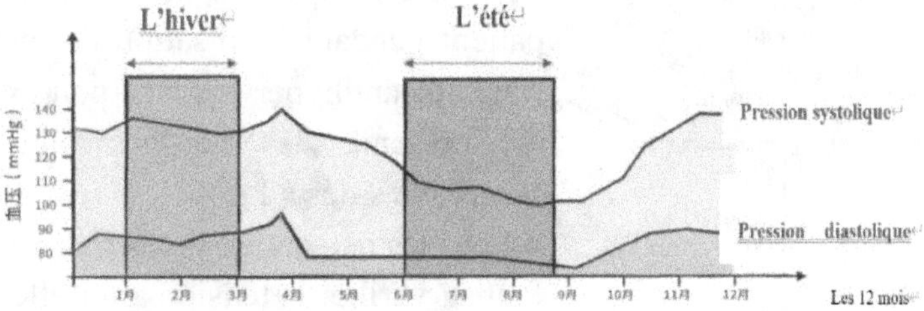

La tension artérielle augmente en hiver et baisse en été.

Changements significatifs de la température s'accompagnant

血压：Tension artérielle (mmHg) = Pression artérielle

收缩压 : Tension systolique = Pression systolique

舒张压 : Tension diastolique = Pression diastolique

1 月 2 月 4 月 5 月 6 月 7 月 8 月 10 月 11 月 12 月 : Les 12 mois

(4) Certains patients atteints d'une maladie cérébrovasculaire comme sténose sévère des grandes artères du cerveau (par ex. artère carotide, artère vertébrale), il faut considérer la réduction ou l'arrêt du médicament. Parceque la pression artérielle est nécessaire pour assurer une alimentation sanguine adéquate au cerveau. Si la pression artérielle diminue, l'apport sanguin sera réduit, ce qui provoquera une ischémie cérébrale. Ce pendant, dans ce cas là, l'avis d'un médecin spécialiste doit être tenu compte selon l'état spéci-

fique du patient. Il ne faut pas réduire ou d'arrêter le médicament tout seul.

7. Quels sont les impératifs à prendre en compte lors de l'abaissement de la pression artérielle pour les patients âgés ?

R : Lors de l'abaissement de la pression artérielle chez les patients âgés, à noter les points suivants :

● Si le patient présente une sténose unilatérale ou bilatérale de plus de 70%, il est important de surveiller le patient pendant l'utilisation de médicaments antihypertenseurs pour voir s'il présente des vertiges ou des symptômes liés à l'AVC.

● Pour les personnes âgées fragiles. Il faut surveriller la tension artérielle, il ne faut pas abaisser la tension trop rapidement ni à un niveau trop bas.

● Pour les patients âgés, si seulement la pression systolique (haute pression) est élevée et la pression diastolique (basse pression) < 60 mmHg, aucun médicament ne doit être utilisé si la haute pression est < 150 mmHg ; entre 150 et 170 mmHg, de petites doses sont à envisager, et lorsqu'elle est ≥ 180 mmHg. il est nécessaire de prendre des médicaments antihypertenseurs, en général en commençant par de petites doses, et en suivant de près l'évolution de la pression. La dose peut être augmentée rogressivement si nécessaire, et à observer en même temps les effets indésirables après médicament.

8. Les "excuses" que les gens invoquent souvent pour arrêter de prendre des médicaments antihypertenseurs. Ces raisons sont-elles raisonnables ?

R : De nombreux patients prennent des médicaments antihypertenseurs pendant un certain temps avant d'arrêter de les prendre eux-mêmes, et lorsqu'on leur demande pourquoi, ils invoquent diverses "excuses" pour se justifier.

Excuse 1 : Une baisse de la "pression diastolique" (pression basse). En réalité, si la pression systolique (pression hausse) est très élevée, même si la pression diastolique est normale ou plus basse que la norme, la pression systolique doit être abaissée à 150 mmHg, en fait à 140 mmHg si possible.Normalement, quand la pression diastolique est normale ou basse, elle sera peu affectée par la prise de médicaments qui ciblent à réduire la pression artérielle systolique.

Excuse 2 : Avec l'âge, il est physiologiquement normal que la tension artérielle demeure élevée. C'est pour cette raison qu'ils arrêtent de prendre leurs médicaments. En réalité, la tension artérielle doit être maintenue en dessous de 140/90 mmHg autant que possible quel que soit l'âge. Chez certaines personnes âgées, s'il est vraiment difficile de maintenir la pression systolique à un niveau normale, au moins on doit chercher à la rammerner à en dessous de 150 mmHg.

Excuse 3 : La tension artérielle reste normale après l'arrêt des médicaments antihypertenseurs, vous ne prenez donc plus de médicaments. La réalité est qu'il faut du temps pour que le médicament se métabolise dans l'organisme. Lorsque vous arrêtez de prendre des antihypertenseurs, la tension artérielle est encore à un niveau normal, c'est parce que les médicaments ont encore un effet ultérieur. Au bout d'u certain temps, l'effet du médicament n'y reste plus, la tension artérielle augmente à nouveau. En outre, certains patients subiront un "rebond" de la tension artérielle après qu'ils essaient d'arrêter de prendre des médicaments, ce qui entraîne une augmentation brutale de la tension artérielle et un accident pourrait se produire dans ce cas là. C'est pourquoi, afin de maintenir la tension artérielle à un niveau normal et stable, une fois la tension est ramenée à la normale, le médicament doit être utilisé régulièrement pendant une longue période.

Excuse 4 : Aucun symptôme n'est présenté malgré votre tension artérielle élevée, donc pas besoin de prendre des médicaments antihypertenseurs sur une longues période. En réalité, la plupart des patients d'hypertension artérielle ne présentent aucun symptôme dans les phases précoces mais avec le temps elle peut endommager des organes vitaux tels que le cœur, le cerveau et les reins et, à terme, provoquer des lésions cliniques graves au niveau du cœur, du cerveau ou des reins. Par conséquent, même si aucun symptôme, vous devez continuer à prendre votre médicament pendant une longue période.

Excuse 5 : Les médicaments antihypertenseurs ont un impact significatif sur les fonctions hépatiques et rénales, on les arrête donc. En réalité, les médicaments antihypertenseurs utilisés aujourd'hui n'affectent pas beaucoup les organes vitaux, tels que le cœur, le cerveau et les reins, et peuvent provoquer des lésions cliniques graves au niveau du cœur, du cerveau ou des reins. Même pour un petit nombre de patients, les fonctions hépatiques et rénales peuvent être rétablies après l'arrêt du médicament et du traitement. Pour les patients souffrant d'insuffisance hépatique et rénale, les médecins prescrivent différents médicaments en fonction de leurs caractéristiques de santé. Par conséquent, si vous arrêtez de prendre le médicament simplement parce que vous vous inquiétez de ses effets sur vos fonctions hépatiques et rénales, vous êtes en fait en train de "cesser de manger de peur d'avoir étouffé avec votre nourriture", ce qui causerait même des mauvais résultats à cause du mauvais contrôle de la tension.

Section 2 Hyperlipidémie

On entend souvent parler de la plaque artérielle, qui est l'une des causes les plus importantes des maladies cardiovasculaires. La formation de la plaque est indissociable d'un taux élevé de graisse dans le sang. Dans cette section, vous en apprendrez plus sur l'hyperlipidémie.

I. Connaissance de base

1. Définition de l'hyperlipidémie

L'hyperlipidémie signifie un taux élevé de lipides dans le sang. Les lipides sont les graisses neutres (triglycérides et cholestérol) et les matières grasses (phospholipides, glycolipides, corticostéroïdes et stéroïdes)présents dans le sang.Les graisses sont également essentielles au métabolisme physiologique de du coprs humain. En général, les principaux composants des lipides sont les triglycérides et le cholestérol. Les triglycérides sont impliqués dans le métabolisme énergétique de l'organisme, tandis que le cholestérol est principalement pour la synthèse des membranes cellulaires et de certaines substances physiologiques.

Les lipides sont insolubles dans l'eau et sont combinés à des protéines pour constituer des lipoprotéines afin d'être solubles dans l'eau, ainsi pour être transport dans le sang. Bien que les lipides sanguins ne représentent qu'une très petite proportion de l'ensemble des lipides de l'organisme, tous les lipides sont transportés entre les tissus par l'intermédiaire du sang ; par conséquent, le taux de lipides sanguins reflète le métabolisme global des lipides dans le corps. Les tests des lipides portent sur les 4 principaux indicateurs ci-dessous.

- Triglycérides (TG)
- Lipoprotéines Densité Low__Cholestérol(LDL-C)
- Haute Densité Lipoprotéines__Cholestérol (HDL-C)
- Cholestérol total (TC)

2. les causes de la dyslipidémie

Il y a deux sources de lipides sanguins dans l'organisme: endogène et exogène. Les sources exogènes proviennent de l'apport alimentaire et les sources endogènes est en provenance de la synthèse et de la sécrétion propres à l'organisme. Le foie est l'usine de la synthèse et du catabolisme des lipides dans notre corps. En outre, les adipocytes peuvent également sécréter des lipides. Les sources endogènes et exogènes travaillent ensemble pour maintenir l'équilibre métabolique des lipides dans notre corps.

Voici quelques-unes des causes fréquentes d'un taux élevé de lipides:

- Les régimes alimentaires riches en graisses ;
- Les facteurs génétiques, tels que l'hypercholestérolémie de caractéritique familiale ;
- Déclenchée par certaines maladies, tels qu'un métabolisme lipidique anormal dû à une maladie du foie ;
- Des interférences entre le métabolisme des lipides et celui de la glycémie, et le diabète cause également un métabolisme

lipidique anormal ;

- Certaines mauvaises habitudes de mode de vie, telles que manque d'activité physique de façon chronique, tabagisme et consommation excessive d'alcool, et rythme de vie irrégulier etc., tout cela pourrait entraîner un métabolisme lipidique anormal.

3. La corrélation entre les différents indicateurs lipidiques et les maladies cardio-vasculaires

Sur le test de laboratoire, si les indicateurs lipidiques suivants (LDL-C, HDL-C, TG, TC)sont anormaux, c'est en géneral associés à un risque de maladie cardiovasculaire.

- **LDL-C :** Plus la valeur est élevée, plus le risque d'atteinte des maladies coronariennes, d'infarctus du myocarde et d'accidents vasculaires cérébraux est important, il est surnommé le " mauvais cholestérol ".
- **HDL-C :** Plus la valeur est basse, plus le risque de maladie coronarienne, d'infarctus du myocarde et d'accident vasculaire cérébral est élevé. Il est surnommé le " bon cholestérol ".
- **Triglycérides (TG) :** plus la valeur est élevée, plus le risque de diabète, de pancréatite aiguë est important, ce qui est complice du mauvais cholestérol.
- **Cholestérol total (CT) :** la valeur élevée peut être à l'origine de diverses maladies cardio-vasculaires.

Entre autres, les valeurs de LDL-C et de HDL-C sont les plus importantes à prêter l'attention sur, en particulier chez les patients présentant un risque élevé de maladie cardiovasculaire.

Pourquoi le LDL-C est-il surnommé le "mauvais cholestérol" ? Lorsqu'il y présente une quantité trop importante, ils se déposent sur les parois des vaisseaux sanguins, ce qui entraîne l'athérosclérose et la formation progressive de plaques d'athérome. Lorsque la plaque agrandit à une certaine taille, elle peut entraîner un rétrécissement, voire un blocage, lorsque la plaque se rompt, elle peut entraîner la formation de caillots sanguins. Ce sont des causes importantes de maladies cardiovasculaires ;

En plus, si la valeur est trop élevée, cela peut c onduire à une stéatose hépatique.

Pourquoi le HDL-C est-il surnommé le "bon cholestérol" ? Il évacue l'excès de la bilharziose dans l'organisme en le transportant vers le foie pour qu'il y soit métabolisé, Il abaisse ainis le taux de cholestérol dans le corps en transportant l'excès de cholestérol vers le foie pour qu'il y soit métabolisé.

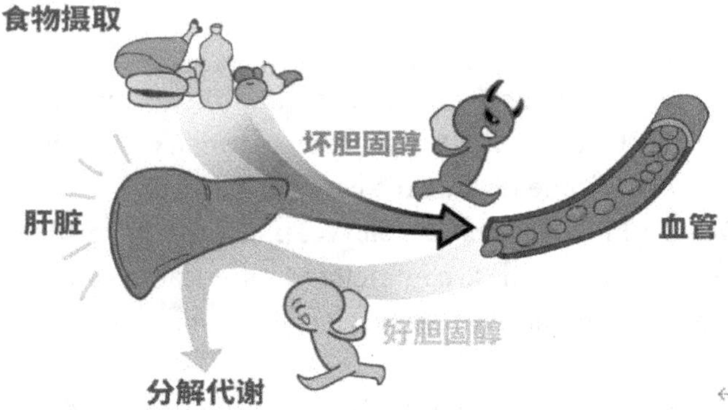

"好胆固醇" 和 "坏胆固醇"

« Bon cholestérol » et « mauvais cholestérol »

食物摄取 : Apports alimentaires
肝脏 : Le foie
分解代谢: Le catabolisme
好胆固醇 : Bon cholestérol
坏胆固醇 : Mauvais cholestérol
血管 : Vaisseau sanguin

C'est pourquoi, la valeur inférieure à la normale peut augmenter le risque des maladies cardiovasculaires. Par conséquent, lorsque le "mauvais cholestérol" augmente et/ou que le "bon cholestérol" diminue, c'est ce qu'on appelle l'hyperlipidémie ou la dyslipidémie et un traitement est nécessaire pour les ramener dans la fourchette normale.

4. Détermination du degré de risque lipidique

Le degré de risque lié aux lipides sanguins est déterminé non seulement par les résultats des tests mais aussi par l'analyse tenant compte de l'âge, du sexe, des maladies atteintes etc. Les deux étapes suivantes vous guident à déterminer le degré de risque.

Étape 1 : Cotation du score de risque. Les critères de cotation est présentée dans le tableau 2.3 ci-dessous.

Tableau 2.3 Critères de calcul des points des risques

Facteurs des risques	Critères de notation	points
HDL-C < 1.04 mmol/L	Oui = 1 Non = 0 point	
Obésité (BMI ≥ 28 kg/m2)	Oui = 1 Non = 0 point	
Maladie cardiovasculaire ischémique chez 1er degré de consanguinité (homme) avant l'âge de 55 ans, ou chez le premier degré de la parentèle (femme) avant l'âge de 65 ans.	Oui = 1 Non = 0 point	
Points au total	Oui = 1 Non = 0 point	
HDL-C < 1.04 mmol/L	Oui = 1 Non = 0 point	
Points au total	Min 0 Max 5	

Note : Haute Densité Lipoprotéines-Cholestérol (HDL-C)

Étape 2 : En fonction de la cotation des risques, des maladies atteintes et des résultats du test lipidique, voir dans le tableau 2.4 indiquant le niveau de risque associé à la dyslipidémie.

Tableau 2-4 Classification des risques

Classification des risques	TG 5.18 ~ 6.21 ou LDL-C 3.37 ~ 4.1 (mmol/L)	TG ≥ 6.22 ou LDL-C ≥ 4.14 (mmol/L)

Pas d'hypertension et score de risque< 3	Risque faible	Risque faible
Hypertension ou score de risque ≥ 3	Risque faible	Risque moyen
Hypertension avec score de risque ≥ 1	Risque moyen	Risque haut
AVC, maladie coronarienne, diabète	Risque haut	Risque haut

Note : TG, triglycérides ; LDL-C, lipoprotéines densité Low-cholestérol

5. Traitement antilipidique pour les patients souffrant d'hypertension artérielle

S'il s'agit d'une hausse légère des lipides sanguins, il est conseillé de commencer par un traitement non médicamenteux con sistant à changer les habitudes malsaines dans la vie de tous les jours, telles que régime alimentaire plus léger, perte de poids, activité physique appropriée, renoncement à l'alcool et aux cigarettes etc. De cette manière, les lipides sanguins peuvent être réduits dans une certaine mesure, et dans certains cas peuvent revenir à la normale. Pour les personnes souffrant d'une hausse de modérée à sévère des lipides et celles qui ne reçoivent pas de bon résultat après 3 à 6 mois de traitement non pharmacologique, un traitement médicamenteux est nécessaire.

Selon indicateurs différents de dyslipidémie, il y a différents médicaments correspondants. Ce qui est le plus important pour les maladies cardiovasculaires, ce sont les Lipoprotéines Densité Low-Cholestérol (LDL-C). Depuis de nombreuses années, les scientifiques cherchent à développer des médicaments efficaces pour réduire le LDL-C. Entre autres les statines sont l'un des médicaments utilisés dans la pratique clinique depuis de nombreuses années, spécifiquement pour le LDL-C. Bien entendu, d'autres indicateurs tels que le Haute Densité Lipoprotéines- Cholestérol (HDL-C), le Cholestérol total (TC) et les TriGlycérides (TG) ne sont pas à négliger. Voici quelques-uns des médicaments hypolipidémiants les plus fréquemment utilisés.

(1) Statines : ce groupe de médicaments constituent la pierre fondamentale des médicaments hypolipidémiants. Ils réduisent de façon significative les LDL-C, Cholestérol Total, ainsi que les niveaux de triglycérides, et augmentent légèrement les niveaux de HDL-C. Ces médicaments ont également d'autres fonction outre que la régulation des lipides, tels que lutte contre l'athérosclérose, l'inversion de la progression de la plaque et des effets antithrombotiques.

(2) Inhibiteurs de l'absorption du cholestérol : par exemple l'ézétimibe. Ces médicaments ont un bon effet synergique avec les statines, ce qui permet de réduire les taux de LDL-C d'environ 18 % sur la base du traitement par statine sans augmenter les effets secondaires indésirables des statines.

(3) Bétabloquants : ils abaissent les niveaux de triglycérides sanguins et augmentent le taux de HDL-C. Ils conviennent aux dyslipidémies avec triglycérides élevés ou ayant triglycérides élevés comme syndrômes prédominants. Cependant, pour ces patients présentant des triglycérides élevés, la première chose consiste à réduire les triglycérides par un mode de vie plus sain (par exemple, régime légère alimentaire, plus d'exercice physique, perte de poids, etc.) et, si nécessaire, par un traitement médicamenteux avec les statines, en cas de hausse sévère (> 5,6 mmol/L), les bétabloquants sont à appliquer.

(4) Les inhibiteurs PCSK 9, le tout dernier médicament destiné à abaisser les LDL-C : Certains l'ont qualifié de " vaccin hypolipidémiant " c'est parce que ce group de médicaments diffère des précédents médicaments oraux, il s'agit d'une injectionayant un puissant effet hypocholestérolémiant, qui peut ré duire les niveaux de LDL-C de 50 % à 70 %.Ces médicaments sont actuellement utilisés en clinique par injection sous-cutanée une fois tous les 2 semaines, mais ils sont beaucoup plus chers que les autres médicaments.Ils sont principalement appliqués en clinique pour les patients dont le niveau de LDL-C est très élevé et ayant paubre effets hypolipidémiants des statines.Les chercheurs sont en train de mettre au point ces médicaments pour réaliser une injection sous-cutanée tous les six mois, on espère le succès prochain de ces cherches.

Les chercheurs en médecine sont constamment à la recherche des médicaments efficaces pour réduire les lipides sanguins avec moins d'effets secondaires possible. Avec les progrès de la recherche médicale, des médicaments hypolipidémiants plus avancés pourraient être disponibles à l'avenir, apportant plus de confort et d'avantages aux patients souffrant d'hyperlipidémie.

6. Niveaux ciblés de contrôle des lipides

La valeur cible à atteindre varie en fonction du niveau de risque lipidique. Une fois le diagnostic d'hyperlipidémie est établi, un traitement non pharmacologique (changement du mode de vie) peut être appliqué dans un premier temps. Si la valeur ciblée n'est toujours pas atteinte au bout de 3 à 6 mois, un traitement médicamenteux doit être mis en place. En revanche pour les patients souffrant de maladies cardiovasculaires et ceux dont les niveaux de lipides sont déjà très élevés doivent être traités précocement par des médicaments. Les statines sont 1 des médicaments hypolipidémiants de base. Le traitement pharmacologique doit être complété par un mode de vie plus sain. En général, plus le risque lipidique est élevé (le niveau de risque est évalué dans le point 4 ci-dessus), plus l'objectif d'hypolipidémie doit être bas (tableau 2.5).

Tableau 2.5 Valeurs cibles pour le contrôle lipidique

Niveau de risque lipidique	Valeur d'objectif (mmol/L)
Risque bas	LDL-C < 4.14, TG < 6.22
Risque modéré	LDL-C < 3.37, TG < 5.18
Risque haut	LDL-C < 2.59, TG < 4.14
Risque très haut	LDL-C < 2.07, TG < 3.11

Note : LDL-C, cholestérol à lipoprotéines de basse densité ; TG, triglycérides.

II. Question et Réponse

1. Quels sont les précautions à prendre pour le test des lipides ?

R : Les niveaux de lipides sanguins sont affectés par divers facteurs quotidiens, tels que le régime alimentaire. Lorsque vous avez un régime riche en graisses, les lipides sanguins peuvent être beaucoup plus élevés que lorsque vous êtes à jeûne, mais cela n'est que transitoire, le niveau normal peut se retrouver au bout de 3 à 6 heures. C'est pourquoi votre médecin vous demandera habituellement de ne plus manger après le dîner et de rester à jeûne pendant 12 heures avant de procéder à des analyses de sang.

En outre, ça suffit de maintenir votre égime alimentaire habituel pendant les deux semaines précédant la prise de sang. Si des anomalies du profil lipidique sont détectées pour le premier test, il est conseillé d'en effectuer un autre pour les confirmer, l'intervalle entre les deux tests ne devant pas excéder 3 semaines.

2. À quelle fréquence les adultes normaux doivent-ils faire mesurer les lipides sanguins ?

R : Il est conseillé aux adultess de plus de 20 ans de faire mesurer leurs lipides à jeûne au moins une fois par an, afin de détecter à temps les anomalies lipidiques. Pour les patients ayant déjà subi de l'infarctus cérébral, maladie coronarienne et les personnes présentant un risque élevé de multiples facteurs de risque des maladies vasculaires, si leurs lipides sont normaux, ils peuvent être testés une fois tous les six mois à une fois par an.Avant que vos lipides sanguins atteignent la normalité,les lipides doivent être mesurés tous les 3 à 6 mois pour surveiller l'effet du contrôle, une fois le niveau lipidique est arrivée à la valeur ciblée et stabilisée, ils peuvent être mesurés tous les six mois à un an environ.

Petit question courante

Zhang, homme, 67 ans.

Q : Je suis obligé de tester mes lipides sanguins à jeûne ? Puis-je boire de l'eau ?

R : Pour garantir la précision des résultats du test, il est nécessaire de rester à jeûne pendant plus de 12 heures avant de la prise du sans veineux. Etre à jeûne signifie il est interdit de manger et de boire, et de bien se reposer la nuit précédante sans manger ou boire trop. Bien que l'eau ne contienne pas de lipides, si vous buvez trop d'eau, cela diluera le sang et peut affecter sur les résultats du test. Toutefois, une petite gorgée d'eau propre n'influence pas trop le résultat. Vous pouvez effecturer le test sans souci.

3. L'hyperlipidémie touche-t-elle les personnes minces ?

R : L'hyperlipidémie est causée par divers facteurs, pas nécessairement due à régime riche en graisses. Tout comme l'hypertension artérielle n'est pas nécessairement due à une alimentation riche en sel, l'hyperglycémie pas nécessairement due à une alimentation riche en sucre.

Les personnes grosses sont seulement plu exposées que les personnes minces. Cela ne signifie pas que les personnes minces ne souffriront pas d'hyperlipidémie. En réalité, de nombreuses personnes minces ayant un régime léger souffrent également d'une hyperlipidémie. C'est pourquoi il est important d'effectuer des contrôles réguliers à partir d'un certain âge. Bien entendu, les personnes ayant des antécédents familiaux de maladie cardiovasculaire,un régime alimentaire riche en graisses, l'obésité et un mode de vie mal sain présentent un risque plus élevé de développer une hyperlipidémie.

Petit question courante

Cui, femme, 50 ans.

Q : J'ai effectué un test il y a quelques jours et il s'est révélé que j'avais un taux élevé de lipides dans le sang, cela sera-t-il transmis à mes enfants ?

R : L'hyperlipidémie liée à la génétique ne concerne qu'un petit nombre de personnes, comme l'hypercholestérolémie familiale mais la plupart des hyperlipidémies sont principalement liées à un mode de vie malsain.

Il est donc important d'adopter de bonnes habitudes de vie et de suivre des contrôles médicaux réguliers.

4. Le risque d'atteinte des maladies cardiovasculaire peut-il être prédit par le niveau de risque lipidique ?

R : Lorsque les lipides sanguins sont en hausse, de nombreuses personnes se préoccupent de savoir si c'est grave et si le risque de maladies cardiaques et cérébrales est élevé ? Les chercheurs scientifiques médicaux ont mené de nombreuses études cliniques pour répondre à cette question. La stratification du risque lipidique citée ci-dessus (voir tableau 2.4) permet de prédire le risque des maladies cardiovasculaires.

- Si vous êtes à "faible risque", le risque de maladie cardiovasculaire dans les 10 ans à venir est de $< 3\%$.
- Si vous présentez un "risque moyen", le risque de maladie cardiovasculaire dans les 10 ans à venir est de 3 % à 10 %.
- Si vous présentez un "risque élevé", le risque de maladie cardiovasculaire dans les 10 ans à venir est de 10 à 15 %.
- Si vous présentez un "risque extra élevé", le risque de maladie cardiovasculaire dans les 10 ans à venir est de >15 % sur 10 ans.

5. Quelles sont les précautions à prendre lors de la prise de statines ?

R : Les statines sont les médicaments de base pour abaisser les lipides sanguins et prévenir les maladies cardiovasculaires. Voici quelques précautions et recommandations pour utiliser correctement les statines.

(1) Il faut d'abord faire tester la fonction hépatique et les enzymes musculaires avant les dosages.

(2) Les statines auront pour effet secondaire de provoquer inconfort musculaire, augmentation des enzymes hépatiques et des enzymes musculaires. Pendant le traitement, il est à suivre les examens réguliers de la manière suivante :

- Au bout d'un mois , faites tester la fonction hépatique et les enzymes musculaires, si elles sont normales, effectuez un test au moins tous les 6 mois par la suite.
- Si vous éprouvez une gêne musculaire (y compris douleur, sensibilité, etc.), une faiblesse ou une urine brune, vous devez

faire tester vos enzymes musculaires aussitôt et comparez les résultats avec les valeurs mesurées avant le traitement.

• Si les enzymes hépatiques sont 3 fois plus que la limite supérieure ou les enzymes musculaires 5 fois plus, le traitement avec les statines doivent être arrêté.

(3) Lors du traitement en statines , il faut le compléter avec les leviers non médicaux y compris un régime alimentaire sain, activité physique appropriée (si les enzymes musculaires ont tendance à augmenter, les activités phisiques doivent être à uner certaine limite).

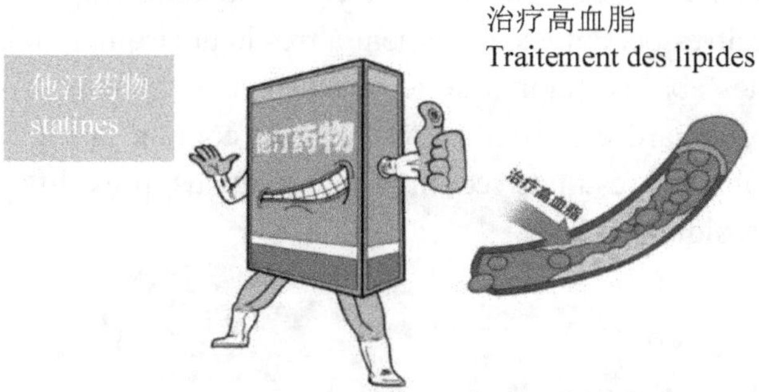

En général, les statines sont sans danger et tous les types de médicaments ont leurs propres effets secondaries. Il ne faut pas les refuser à cause de leurs effets secondaires, car les avantages (prévention contre les maladies cardiovasculaires) sont manifestement plus importants que les effets secondaires. Lorsque des effets secondaires ne sont pas tolérés pendant le traitement médicamenteux, il faut consulter votre médecin pour adapter vos médicaments.

6. Si mes lipides sanguins ont baissé à un niveau standard après traitement médicamenteux, cela signifie-t-il qu'ils sont à la normale ?

R : Sur l'enregistrement des résultats de test à l'hôpital, vous trouverez une fouchette des nomalités après chacun des indicateurs. De nombreux patients constatent que leurs niveaux de lipides se situent dans la fourchette normale après avoir pris des médicaments hypolipidémiants , de sorte qu'ils estiment que ne sont pas "normaux" car le contrôle est "spécifique" et la vraie normalité varie d'une personne à l'autre, c'est-à-dire que plus le niveau de risque lipidique est élevé, plus les valeurs doivent être basse. Certaines valeurs ciblées seront légèrement inférieures à l'intervalle normal.

Par exemple, un patient présentant de multiples facteurs de risque tels que maladie coronarienne, hypertension, diabète sucré, obésité, tabagisme, etc. (un patient à très haut risque). Le niveau ciblé de contrôle doit être beaucoup plus bas que pour d'autres personnes, ce patient à très haut risque doit continuer à les abaisser alors que les autres peuvent s'arrêter quand niveau standard est atteint. C'est un peu comme la régle scolaire, "plus les résultats scolaires sont mauvais, plus il faut travailler assidument".

医生，我血脂恢复正常了！
Docteur, mes lipides sanguins sont redevenus normaux !
你有冠心病，高血压还吸烟，危险因素多，血脂应越低越好！
Vous avez une maladie coronarienne, de l'hypertension et vous fumez, avec autant de facteurs de risque, plus les lipides sont réduits, mieux c'est !

7. Que dois-je faire si les niveaux de lipides dans mon sang ne baissent toujours pas malgré des médicaments hypolipidémiants ?

R : De nombreux patients présentant lipidiques n'obtiennent pas de baisse significative de leur taux de lipides sanguins après avoir pris des statines. Que faire ? La première chose à faire est de consulter votre médecin pour prendre des mesures de réglage pour l'étape suivante.

Il y a généralement plusieurs causes à cela et les méthodes sur comment les gérer sont les suivants :

(1) En même temps que les médicaments, de nombreux patients continuent d'avoir de mauvaises habitudes de sa vie courante. Il est important d'être conscient qu'un mode de vie sain est un élément essentiel qui complète le traiment médicamenteux. Comme la réduction des aliments gras, l'arrêt du tabac et de l'alcool, et l'exercice physique approprié etc.

(2) Non-respect du traitement prescrit par le médecin, par exemple réduction de la dose, manque de régularité, etc. Il est important de prendre le médicament tel qu'il a été prescrit par le médecin et de faire contrôler régulièrement le taux de lipides dans le sang.

(3) Si, après avoir suivi strictement les conseils du médecin, le taux de lipides sanguins n'a toujours pas baissé, dans ce cas là on rajoute un autre médicament sur la base des statines, tel que l'ézétimibe.

(4) Pour ceux qui ont déjà pris deux genres de médicaments hypolipidémiants mais les niveaux n'atteignent toujours pas la normale, pour ces patients persistants, le nouveau médicament hypolipidémiant puissant, l'inhibiteur PCSK9, peut être ajouté. Bien entendu, c'est généralement le cas chez les personnes qui souffrent déjà d'une maladie cardiovasculaire ou qui présentent de multiples facteurs de risque vasculaire. Un contrôle strict des niveaux de lipides est alors nécessaire pour prévenir le développement d'une maladie cardiovasculaire.

Petit question

Hou, homme, 55 ans,
Q : J'entends souvent dire que les personnes d'âge moyen/âgées devraient adopter un régime pauvre en graisse et éviter de consommer des aliments riches en graisse. Quels sont les aliments que les personnes âgées devraient essayer d'en éviter ?
R : Les viandes grasses, la peau et les abats des animaux sont généralement riches en acides gras saturés, qui peuvent entrainer une hausse des lipides sanguins et l'athrosclerose. Les personnes d'âge moyen et les personnes âgées devraient en manger peu.

Section 3 Le Diabète

I. Conaissances de base

1. Diabète et accident vasculaire cérébral (AVC)

Le diabète, l'hypertension, l'hyperlipidémie et l'obésité sont tous des facteurs de risque majeurs provoquant les accidents vasculaires cérébraux (AVC). De nombreux patients diabétiques sont également obèses, hypertendus, hyperlipidémiques et fumeur. La combinaison de ces facteurs de risque aggrave considérablement la détérioration des vaisseaux sanguins et augmente le risque d'AVC chez les diabétiques, c'est 2 à 4 fois plus élevée que chez les non-diabétiques. Près de la moitié des patients d'AVC sont diabétiques. Les patients d'AVC et diabétiques éprouvent une pathologie plus grave et un pronostic plus défavorable. Ils sont plus exposés au handicap physique et à la déficience cognitive, avec une durée d'hospitalisation plus longue, ils présentent également un risque plus élevé de subir à nouveau un accident vasculaire cérébral (AVC) de décès.

升高的血糖 : Augmentation du taux de sucre dans le sang
直接或间接损伤血 : Endommage directement ou indirectement les vaisseaux sanguins.

2. Régulation de la glycémie

Le sang des hommes contient une certaine proportion de glycémie, surnommée "sucre du sang". La principale source d'énergie pour l'activité humaine est le sucre du sang. Par exemple, le sucre alimentaire fournit 60 à 70% des calories de l'organisme. Dans des conditions normales, l'organisme maintient un équilibre dynamique des niveaux de glucose dans le sang, principalement grâce aux hormones qui régulent la glycémie dans le corps et le système nerveux.

Les hormones qui régulent la glycémie proviennent principalement des îlots pancréatiques, qui sont un groupe de cellules ayant une fonction endocrine. Il existe deux types de cellules qui sécrètent des hormones régulant la glycémie : L'une est la cellule alpha, qui sécrète le glucagon, c'est une hormone qui augmente la glycémie ; l'autre est la cellule bêta, qui sécrète le glucose, c'est la seule hormone qui diminue la glycémie. Cependant, il existe également des hormones sécrétées par d'autres organes qui augmentent la glycémie, telles que l'adrénaline et les glucocorticoïdes, etc.

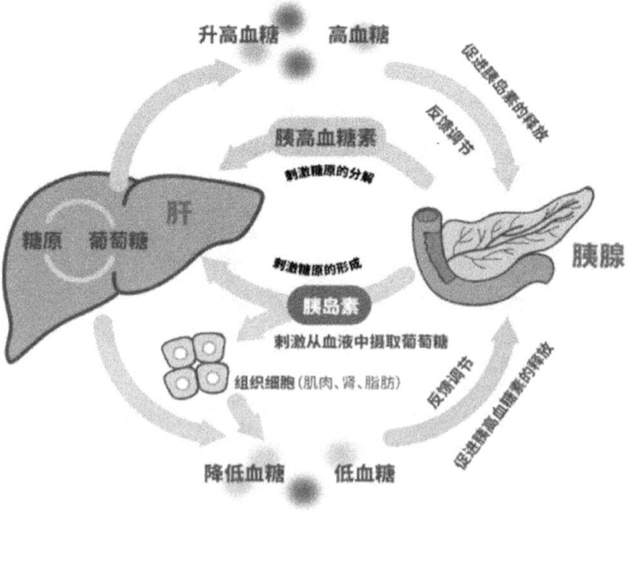

升高血糖	Hausse de la glycémie	高血糖	Hyperglycémie	
糖源	Source de sucre	促进胰岛素的释放	Favoriser la sécrétion d'insuline	
葡萄糖	Glucose		反馈调节	Ajustement de la rétroaction
肝	Foie		胰腺	Pancréas
胰高血糖素	Glucagon		刺激糖原的分解	Stimuler la dissolution du glycogène
胰岛素	Insuline		刺激糖原的形成	Stimule la formation du glycogène
组织细胞（肌肉、肾、脂肪）	Cellules de tissus (muscles, reins, graisse)		刺激从血液中摄取葡萄糖	Stimuler la capture du glucose dans le sang
降低血糖	Réduction de la glycémie		促进胰高血糖素的释放	Favorise la sécrétion de glucagon
血糖的调节	Régulation de la glycémie		低血糖	Hypoglycémie

3. Classification des diabètes sucrés

Il y 4 catégories de diabète en fonction de la cause.

(1) Diabète de type 1 : il est le résultat d'un manque absolu d'insuline dans le corps. En raison d'anomalies auto-immunes et d'autres facteurs, les cellules β du pancréas sont détruites donc en quantité réduite, ce qui conduit à un manque absolu d'insuline sécrétée, c'est pourquoi il est nécessaire d'un apport d'insuline depuis ressource extérieure afin de maintenir une glycémie normale. Ce type de maladie survient le plus souvent chez les adolescents et est associé à des facteurs génétiques. Le début aigu de la maladie est souvent caractérisé par les symptômes typiques de "trois excès et une carence" (excès de boisson, excès d'urine, excès de nourriture et perte de poids).

(2) Diabète de type 2 : c'est le plus fréquent, il représente environ 90 % des diabétiques actuels. Il s'agit d'une maladie acquise.

Les causes comprennent la résistance à l'insuline (effet réduit), la sécrétion insuffisante d'insuline (due à une réduction de la fonction des cellules β des îlots de Langerhans plutôt que du nombre de cellules β) ou les deux. La maladie se développe généralement chez les personnes d'âge moyen et les personnes âgées, mais ces dernières années, elle est devenue plus fréquente chez les adolescents et les jeunes. La plupart des patients ont un début lent et environ la moitié d'entre eux ne présentent aucun symptôme. Ce défaut de sécrétion d'insuline est associé à une inflammation (facteurs immunitaires, maladies), à des anomalies métaboliques (liées à l'obésité, au manque d'activité physique, etc., à la génétique, et à de mauvaises habitudes alimentaires, etc. La plupart des patients n'ont pas besoin d'insulinothérapie dans les premiers stades de la maladie.
(3) Diabète gynécologique : il s'agit d'un diabète détecté pour la première fois au milieu ou à la fin de la grossesse. Entre 50 et 70 % des patientes atteintes de diabète de grossesse retrouvent une glycémie normale après l'accouchement.
(4) Types particuliers de diabète : diabète causé par d'autres maladies, y compris les anomalies génétiques, les maladies héréditaires, les maladies endocriniennes, les maladies d'origine médicamenteuse et les maladies infectieuses. (par exemple, rubéole congénitale, infection à cytomégalovirus).

4. Symptômes typiques et atypiques du diabète sucré

(1) Symptômes typiques : boire trop, uriner trop, manger trop et perdre beaucoup de poids.
(2) Autres symptômes atypiques : sensations de faim fréquentes, fatigue, léthargie, baisse de la vision ; démangeaisons de la peau ; engourdissement des mains et des pieds, sensations anormales telles que des allergies sensorielles, picotements, sensation de brûlure, etc. ; urine anormale, urine blanche à l'odeur aigre-douce, etc.

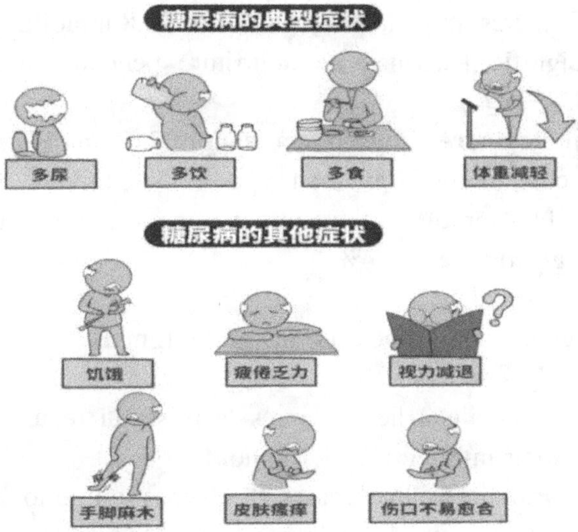

糖尿病的典型症状和其他症状

Symptômes typiques et d'autre symptômes du diabète

糖尿病的典型症状 Symptômes typiques du diabète	
多尿	Excès d'urine
多饮	Excès de boisson
多食	Excès de nourriture
体重减轻	Perte de poids
糖尿病的其他症状 Autres symptômes atypiques du diabète	
饥饿	Avoir faim
疲倦乏力	Fatigue
视力减退	Perte de la vision
手脚麻木	Engourdissement des mains et des pieds
皮肤瘙痒	Démangeaisons de la peau
伤口不易愈合	Les blessures ne cicatrisent pas facilement

5. Critères de diagnostic du prédiabète et du diabète

La glycémie à jeûne, la glycémie aléatoire ou la glycémie 2 heures après repas sont les principaux critères de diagnostic du diabète. Sans symptômes typiques du diabète, il est nécessaire de répéter les tests de glycémie pour confirmer le diagnostic.

(1) Glycémie normale : glycémie à jeûne $< 6,1$ mmol/L, glycémie 2 heures après la prise du repas $< 7,8$ mmol/L. (l'état de jeûne signifie l'absence de nourriture pendant au moins 8 heures).

(2) Diabète sucré : glycémie à jeûne $\geq 7,0$ mmol/L ou glycémie 2 heures après la prise du repas $\geq 11,1$ mmol/L ou la glycémie $\geq 11,1$ mmol/L à tout autre moment aléatoire, ou l'hémoglobine glycosylée $\geq 6,5$ %.

(3) Pré-diabète :

- Si la glycémie à jeûne est $\geq 6,1$ mmol/L mais < 7 mmol/L, on parle de glycémie à jeun.
- Si la glycémie 2 heures après la prise du repas est $\geq 7,8$ mmol/L mais inférieure à 11,1 mmol/L.

On parle alors d'intolérance au glucose, ou de tolérance réduite au glucose ou de tolérance anormale au glucose. Ces 2 genres de diagnostics sont tous qualifiés sous le terme de l'altération de la régulation du glucose, ce qui signifie que la glycémie est déjà à un noveau élevée mais ne répond pas encore aux critères du diabète. On le qualifie alors comme "prédiabète". Si l'on ne le traite pas à temps, ce groupe de personnes vont courir un risque élevé de développer un diabète à l'avenir.

6. l'hémoglobine glycosylée : l'étalon-or du contrôle glycémique à long terme

Parmi les indicateurs communs pour mesurer la glycémie, à part de la glycémie à Jeûne et de la glycémie postprandiale, il y a aussi le taux d'hémoglobine glyquée (HbA1c) qui est un indicateur aussi communément utilisé. Les deux premiers sont des tests de glycémie à court terme, qui reflètent le niveau immédiat de glucose dans le sang, mais assez fluctuants à cause de nombreux facteurs d'influence. par exemple la glycémie mesurée à différents moments de la journée différente ,et c'est principalement utilisée pour le dépistage et le diagnostic du diabète. Cependant, dans des situations du stress telle qu'une infection aiguëe un traumatisme ou la phase aiguëe d'une maladie, la glycémie peut également augmenter mais c'est temporaire. On ne peut pas poser le diagnostic de diabète à ce moment-là et le cas doit être suivi une fois la situation de stress passé.

Pour l'évaluation de l'efficacité de traitement, l'hémoglobine glycosylée est plus appropriée que la glycémie à jeûne ou la glycémie postprandiale, c'est un indicateur très stable et utile, indépendant de l'heure des repas et des changements de mode de vie à court terme. Son nom suggère qu'il s'agit d'une combinaison du sucre et l'hémoglobine (Hb) qui est le principal composant des cellules sanguines rouges et sa durée de vie est la même, généralement de 100 à 120 jours. Cependant, toutes cellules sanguines rouges ne sont combinées au sucre, seulement 4 à 6% est glyquée chez les personnes étant en bonne santé. Si la glycémie est trop élevée, il y aura une plus grande quantité d'hémoglobine est glyquée donc la proportion d'hémoglobine glyquée en hausse, lorsqu'elle est ≥ 6,5%, le diabète est diagnostiqué.

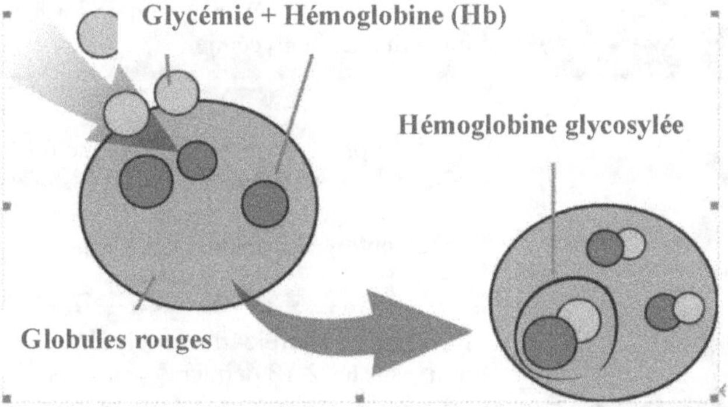

L'hémoglobine est un indicateur bien stable qui reflète le niveau de la glycémie : elle n'est pratiquement pas influencée par le jeûne ou l'alimentation, car lorsque l'hémoglobine et le glucose se combine, ils restent ensemble pour le reste de leur vie, c'est-à-dire que tant que l'hémoglobine vit, l'hémoglobine glyquée vit à peu près aussi longtemps. Cela signifie le niveau d'hémoglobine glyquée reflète le taux moyen de glucose dans le sang des deux ou trois derniers mois. (pourquoi est-elle plus courte que l'hémoglobine de quelques dizaines de jours ? C'est parce qu'il y a encore un processus par leure rencontre et combinaison).

L'hémoglobine glycosylée est donc l'étalon-or pour évaluer le contrôle glycémique à long terme et d'un argument important pour déterminer l'ajustement du traitement hypoglycémiant. Si la valeur de l'hémoglobine glycosylée est entre 6,5% et 7%, cela indique un bon contrôle de la glycémie au cours des deux ou trois derniers mois ; Si la valeur est entre 6,5% et 7%, cela signifie que le contrôle de la glycémie a été bon au cours des deux ou trois derniers mois. Si la valeur est entre 7% et 8%, le contrôle est moyen, si la valeur est >8%, le contrôle est mauvais.

Il existe un autre indicateur appelé protéine sérique glyquée, qui reflète le contrôle de la glycémie à court terme sur les 2 à 3 dernières semaines.

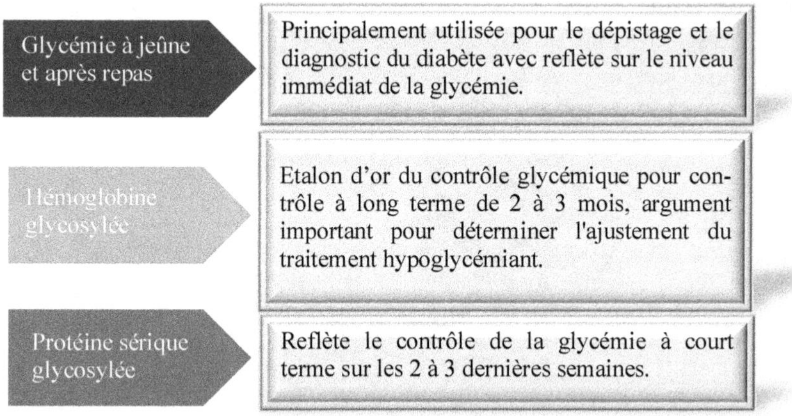

7. Les dangers du diabète

On peut dire que le diabète est un tueur chronique qui affecte l'ensemble de l'organisme. L'hyperglycémie à long terme peut endommager les petits et grands vaisseaux sanguins et les nerfs dans tout le corps, ce qui entraîne des lésions au niveau du cœur, du cerveau, des reins, des vaisseaux sanguins, des nerfs et de la peau et, dans les cas les plus graves, maladies cardiovasculaires, insuffisance rénale, amputation et cécité. En 2001, la division du diabète de l'association médicale chinoise a mené une enquête auprès de patients hospitalisés dans 30 provinces et villes. Les résultats ont montré que 60 % des patients diabétiques souffraient en même temps d'hypertension et de maladies cardiovasculaires, et 34% combinés de maladie rénale et de maladie oculaire.

Les maladies cardiovasculaires (par ex. maladie coronarienne, infarctus et VAC) sont des complications fatales du diabète. Les lésions vasculaires rénales peuvent entraîner une foncetion réduite rénale, à un stade avancé, ils peuvent conduire à l'insuffisance rénale. Lésions des petits vaisseaux sanguins de l'œil peuvent causer la rétinopathie du fond de l'œil et même une perte de vision dans les cas sévères. Les lésions nerveuses peuvent entraîner un engourdissement et des douleurs dans les extrémités, une perte de sensibilité, infarctus du myocarde non douloureux, augmentation de la fréquence cardiaque à l'état statique, hypotension orthostatique, transpiration anormale, rétention urinaire, constipation, diarrhée et autres symptômes.

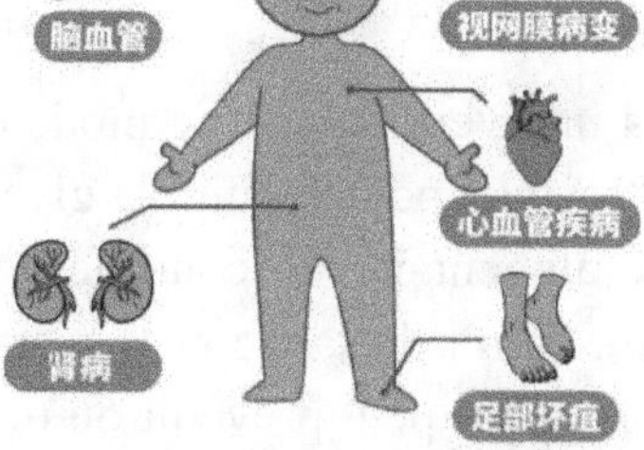

糖尿病导致的组织器官损伤

Lésions des tissus et des organes causées par le diabète

脑血管	Vasculaire cérébral
肾病	Maladie rénale
足部坏疽	Gangrène du pied
心血管疾病	Maladies cardiovasculaires
视网膜病变	Rétinopathies

Le pied diabétique est une complication grave aux stades avancés du diabète. C'est à cause de manque d'apport sanguin local causé par les lésions vasculaires et de l'ischémie et de l'hypoxie à long terme, qui entraînent des troubles neurologiques. Cela peut conduire à des ulcères et à la gangrène des membres inférieurs et, dans les cas les plus graves, à l'amputation.

Cependant, il est important de noter que l'hypoglycémie survient souvent chez les patients diabétiques après la prise de médicaments, étant plus dangereuse que l'hyperglycémie, les patients doivent prendre des sulfonylurées, des glinides et de l'insuline pour éviter l'hypoglycémie.

8. le contrôle glycémique chez les patients diabétiques

L'objectif d'un bon contrôle de la glycémie est de prévenir les diverses complications cardiaques, cérébrales et rénales, il faut ainsi gérer la glycémie de manière intégrée avec des leviers variés.

- Tout d'abord, les interventions sur le mode de vie est le traitement primaire et basique pour réduire la glycémie. Elles comprennent le régime alimentaire, le contrôle du poids, un exercice physique accru, l'arrêt du tabac et la restriction de la consommation d'alcool, ce qui peut prévenir ou retarder la progression du prédiabète vers le diabète et peut également aider à réduire la glycémie pour les patients atteints de diabète. Pour les personnes obèses, la perte de poids est un moyen très efficace pour contrôler la glycémie. Une glycémie légèrement élevée peut être tout à fait ramenée à la normale à travers la baisse de poids. Cela signifie que la perte de poids peut contribuer à retarder ou à inhiber la progression du prédiabète vers le diabète.

- Deuxièmement, la surveillance de la glycémie est indispenindispensable pendant le traitement hypoglycémiant, avec l'aide d'obsevation du niveau de glucose dans le sang, on peut ainsi ajuster le régime hypoglycémiant.
- En suite, l'utilisation de médicaments hypoglycémiants doit être suivi par un médecin. On commence généralement par un genre de médicament, puis on passe à deux ou même trois pour réduire la glycémie ensemble.
- En outre, les autres facteurs de risque vasculaire, tels que l'hypertension et l'hyperlipidémie, doivent également être contrôlés.

En résumé, il est important d'être éduqué sur la réduction du glucose, de garantir une alimentation saine et excercice physique approprié, d'effectuer une surveillance de la glycémie et être sous médication pour l'abaissement de la glycémie. Ce sont les « 5 voitures hippomobiles » pour entrainer un bon contrôle de la glycémie. En plus du traitement habituel, les patients diabétiques peuvent suivre certains traitements de médecine traditonelle chinoise sous la direction d'un praticien de médecine chinoise qui a le potentiel d'inhiber la progression du prédiabète vers le diabète, d'améliorer l'efficacité de l'hypoglycémie, d'améliorer les symptômes et de prévenir les complications.

健康教育	Éducation médicale sur la santé
合理饮食	Régime alimentaire raisonnable
适度锻炼	Exercices appropriés
血糖监测	Suivi de la glycémie
降糖药物	Médicaments hypoglycémiants
血糖	Glycémie

II. Questions et Réponses

1. Qui est plus exposé au risque de diabète ?

R : Les groupes suivants sont généralement plus exposés au risque de diabète.

(1) Historique familial de diabète.

(2) Surpoids et obésité : en particulier obésité abdominale (tour de taille ≥ 90 cm chez les hommes et ≥ 85 cm chez les femmes). L'obésité a tendance à provoquer une résistance à l'insuline, la rétroaction physiologique de l'organisme régule la surproduction d'insuline (pour compenser la fonciton complète due à la résistance induite par l'obésité). Mais la surproduction ne peut pas durer longtemps et les cellules des îlots de Langerhans finissent par tomber en panne car surchargée.

(3) Mauvaises habitudes de vie : comme le manque d'exercice. L'exercice ne peut non seulementde brûler des calories et réduire l'obésité mais aussi augmenter la sensibilité à l'insuline.

(4) Mauvais régime alimentaire : une alimentation riche en calories et en sucres, associée à une activité physique insuffisante, cela peut conduire à l'obésité et à une diminution de la sensibilité à l'insuline.

(5) Hypertension, hyperlipidémie, maladies cardiovasculaires athérosclérotiques : Ces maladies favorisent la résistance à l'insuline.

(6) Personnes d'âge moyen et âgées de plus de 45 ans.

(7) Femmes ayant des problèmes de diabète gestationnel ou ayant accouché d'un gros bébé (pesant plus de 4 kg).

(8) Les personnes sous traitement antipsychotique et/ou antidépresseur à long terme.

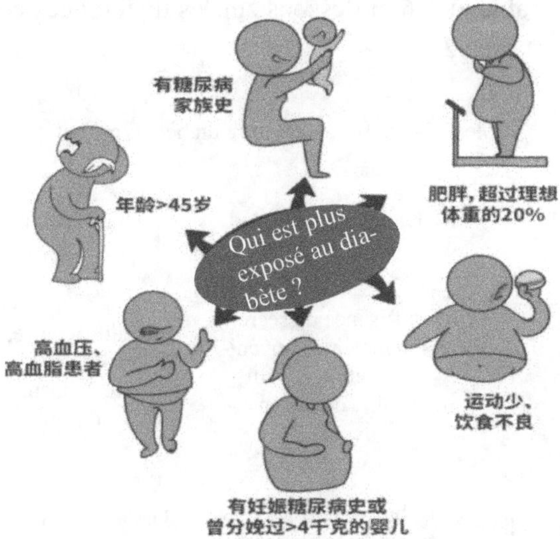

哪些人容易得糖尿病？	Qui est plus exposé au diabète ?
有糖尿病家族史	Antécédent familial de diabète
年龄大于 45 岁	Agé plus de 45 ans
高血压、高血脂患者	Hypertension hyperlipidémie
有妊娠糖尿病史或曾分娩过大于 4 千克的婴儿	Femme ayant des problèmes de diabète gestationnel ou ayant accouché d'un gros bébé (pesant plus de 4 kg)
运功少， 饮食不良	Peu d’exercise physique et mauvais régime d’alimenttation
肥胖，超过理想体重 20%	Obésité, plus gros de 20% du poids idéal

2. Comment distinguer Diabète type 1 de Diabète de type 2 ?

R : Voir le Tableau 2-6 ci-dessous sur les différences entre diabète type 1 et type 2.

Tableau 2-6 Différences entre diabète type 1 et type 2

Caractéristiques cliniques	Diabète de type 1	Diabète de type 2
Cause	Insuffisance de sécrétion d'insuline congénitale, défaut absolu d'insuline dans le pancréas	Maladie acquise, défaut d'insuline relatif ou résistance à l'insuline (effet diminué)
Début de maladie	Début aigu avec des symptômes évidents	Début lent avec peu de symptômes
Diagnostique Clinique	Diabète de type 1	Diabète de type 2
Tranche d'âge	Généralement <30 ans, surtout des enfants et des personnes jeunes.	En général des personnes âgées
Caractéristiques cliniques	Perte de poids, consommation excessive de boisson, très soif, polyphagie, polyurie	Obèses, souvent avec des histoires familiales de diabète de type 2, et des conditions associées telles que l'hypertension et l'hyperlipidémie.
L'acidocétose	Souvent	Rarement
Taux de C-peptide sérique	Niveau très bas ou manque	Normal ou en hausse

Tableau 2-6 Différences entre diabète type 1 et type 2

Auto-anticorps	Positif pour Ilots de Langerhans Cellules Anticorps (ICA), Insuline Auto-Anticorps (IAA), l'anticorps de la Glutamic Acide Décarboxylase (GAD-Ab).	Les anticorps tels que ICA、IAA、GAD-Ab sont négatifs
Traitement	Insuline	Régime alimentaire, exercice physique, hypoglycémie orale, etc.

3. Quels sont les différents types de surveillance de la glycémie ?

R : (1) L'hémoglobine glycosylée est l'étalon-or pour l'évaluation du niveau de glycémique à long terme. Elle est également un argument important pour orienter l'ajustement du programme de traitement. Au début du traitement, il est recommandé de la mesurer tous les trois mois. Une fois stabilisée, tous les six mois. Ce test doit être effectué.

(2) Les patients diabétiques peuvent surveiller leur glycémie à domicile pour maîtriser le niveau et les fluctuations de la glycémie à l'aide d'un lecteur de glycémie portable, c'est la méthode la plus courante avec prise de sang dans les vaisseaux capillaires. Le lecteur de glycémie doit être étalonné 1 ou 2 fois par an.

定期体检：Visites médicales régulière
监测血糖：Surveillance de la glycémie

(3) En outre, le nouveau système de surveillance CGM (Continuous Glucose Monitoring) une méthode d'induction sans prise de sang, similaire à un ECG (Holter), qui permet une surveillance dynamique et continue des

des évolutions de la glycémie. Il convient au groupe de personnes suivantes : ① aux patients de diabète de type 1 et de type 2 nécessitant des injections multiples ; ② aux patients de type 2 qui commencent une insulinothérapie.③ Les patients de type 2 qui observent les effets glycémiques des médicaments hypoglycémiants oraux et qui présentent un risque d'hypoglycémie .

4. Comment organisez-vous habituellement le moment et la fréquence de la surveillance de la glycémie chez vous ?

R : (1) Moments communs pour l'observation du profil glycémique de la journée : glycémie à jeûne, avant les repas, 2 heures après les repas et avant de se coucher, si nécessaire une fois la nuit (2 à 3 heures du matin).

• **Glycémie à jeûne :** se réfère à un jeûne de plus de 8 heures pendant la nuit, ce n'est pas égale à la glycémie préprandiale. Elle reflète la capacité de sécrétion d'insuline de base (la gravité de votre état). C'est dans l'objectif de comprendre la fonction fondamentale du pancréas et la pertinence de la dose administrée la nuit précédente. Lorsque la glycémie est très élevée, il faut d'abord se préoccuper de la glycémie à jeûne

• **Glycémie préprandiale :** pour les patients qui s'injectent de l'insuline basale lors des repas. Dans le cas où d'autres traitements présentent des risques d'hypoglycémie, la glycémie préprandiale doit également être mesurée.

• **Glycémie postprandiale :** à mesurer 2 heures après la première bouchée du repas, elle reflète dans certaine mesure la fonction de réserve des cellules sécrétrices d'insuline (capacité de sécrétion d'insuline après stimulation alimentaire). Il convient aux patients qui s'injectent de l'insuline lors des repas et à ceux qui contrôlent leur glycémie à travers le régime alimentaire et les exercices physique. Chez les patients dont la glycémie à jeûne et la glycémie pré-prandiale sont bien contrôlées, mais dont l'hémoglobine glycémique n'est toujours pas à la norme, le traitement de l'hyperglycémie postprandiale peut être orienté par la mesure de la glycémie postprandiale.

L'hyperglycémie postprandiale est un facteur majeur de risque important qui cause les complications chroniques du diabète, en particulier les maladies cardiovasculaires. Elle est un meilleur prédicteur de la mortalité que la glycémie à jeûne et l'hémoglobine glyquée.

• **Glycémie au coucher :** pour les patients qui s'injectent de l'insuline, surtout l'injection est avant le dîner.

• **Glycémie nocturne :** pour comprendre s'il y a la présence d'une hypoglycémie pendant la nuit, en particulier lors d'une hyperglycémie à jeûne inexplicable est survenue, la glycémie nocturne doit être surveillée.

(2) Fréquence de la surveillance de la glycémie : ① Lorsque le niveau de la glycémie est très variable, il est préférable de mesurer 4 à 5 fois chaque jour (avant les repas, après les 3 repas et éventuellement avant le coucher). Une fois que l'état commence à se stabiliser. La glycémie peut être mesurée tous les deux jours. ②Lorsque vous commencez à prendre des hypoglycémiants oraux, vous pouvez surveiller votre glycémie à jeûne ou postprandiale 2 à 4 fois par semaine. Après un contrôle stable à long terme de la glycémie, la glycémie à jeun et la glycémie postprandiale peuvent être mesurées une fois par semaine et 4 à 5 fois de mesures par jour pour former du profil glycémique toutes les 2 à 3 semaines. ③ Les personnes sous insulinothérapie doivent faire l'objet d'une surveillance appropriée en fonction des différents plans de traitement. ④ Si des symptômes d'hypoglycémie apparaissent, il faut procéder à une mesure de la glycémie rapidement. ⑤ En outre, il est également nécessaire de surveiller la glycémie tant que vous ne sentez pas bien, ou lors d'une grippe ou fièvre, des vagues émotionnelles et un exercice physique intense.

5. Que dois-je faire si ma glycémie est élevée mais que je n'ai pas encore été diagnostiqué(e) comme diabétique ?

R : C'est ce que l'on appelle en médecine le prédiabète, à ce moment là les mesures de prévention les plus efficaces sont : Adopter un régime alimentaire plus ain, faire plus d'exercices physiques, perdre du poids et suivre un régime d'activité et de repos régulier. Pour les personnes en surpoids ou obèses, la perte de 7% du poids corporel peut vous réduire le risque de développer un diabète de 50% ou plus. Pour les personnes qui n'ont pas l'habitude de faire de l'exercice, une demi-heure d'exercice d'intensité modérée en plein air (marche rapide, danse sur la place, tai-chi, etc.) peut également vous permettre d'avoir cet effet. Même si vous êtes une personne corpulente et qu'il vous est difficile d'obtenir un poids idéal, si vous pouvez perdre 5 à 7,5 kg, cela peut réduire votre risque de développer un diabète. Des études ont montré que suite à 3 ans de modification du mode de vie, le risque de développer d'un prédiabète à un diabète peut être réduit de près de 60%.

Pour le cas du prédiabète, la nécessité d'un traitement médicamenteux est encore discutée et il n'existe actuellement aucun médicament en Chine ou dans le monde entrier pour le traitement du prédiabète. Il est conseillé aux personnes atteintes de prédiabète de de faire mesurer leur glycémie une fois par an afin de connaître les évolutions de la glycémie pour contribuer à l'élaboration de plans d'intervention.

6. Quelles sont les normes de contrôle de la glycémie, de la pression artérielle et des lipides pour les patients diabétiques ?

R : Étant donné qu'une hyperglycémie de longue durée peut endommager les petits et les gros vaisseaux sanguins de l'ensemble du corps et entraîner de graves complications, les normes de contrôle de la glycémie, de la pression artérielle et des lipides sont plus sévères que les non diabétiques, comme suit.

- **Glycémie :** les patients diabétiques traités par des médicaments hypoglycémiants doivent avoir une glycémie à jeûne entre 4,4 et 7,0 mmol/L, glycémie postprandiale à 10,0 mmol/L ou moins, et hémoglobine glyquée à 7% ou moins. Pour les personnes âgées, fragiles et souffrant de maladies cardiovasculaires et cérébrovasculaires graves et celles qui ont subi une hypoglycémie sévère, le contrôle de la glycémie doit être plus souple.

- **Pression artérielle :** chez les patients diabétiques souffrant d'hypertension, la pression artérielle doit être contrôlée à < 130/80 mmHg (il est important de maintenir un contrôle strict de la pression artérielle chez les patients diabétiques afin de réduire le risque de manière significative d'infarctus du myocarde et d'infarctus cérébral). Le médicament antihypertenseur du premier choix est une prolidine ou un sartan. Pour les personnes âgées ou celles souffrant d'une maladie coronarienne sévère, le régime antihypertenseur peut être modérément souple est plus appropriée, à < 140/90 mmHg. Chez les patients âgés ou ceux souffrant d'une maladie coronarienne et rénale ou très faible, un relâchement supplémentaire peut aller jusqu'à moins de 150/90 mmHg.
- **Les lipides :** Chez les patients diabétiques souffrant d'hyperlipidémie, les objectifs de contrôle des lipides sont les suivants : le cholestérol total (CT) doit être inférieur à 4,5 mmol/L, les lipoprotéines de densité low-C (LDL-C) doivent être < 2,6 mmol/L et les triglycérides (TG) doivent être < 1,7 mmol/L. Le premier choix de médicament pour réduire les lipides est une statine. Une hausse en TG est également très fréquente chez les diabétiques, mais la première mesure pour réduire les TG consiste à contrôler la glycémie, à adopter un mode de vie sain et à perdre du poids, si nécessaire, à prendre des statines. Ce n'est que dans les cas graves (>5,6 mmol/L) qu'un médicament hypoglycémiant spécifique doit être utilisé.

Section 4 Autres facteurs de risque

1. Les maladies cardiaques et les accidents vasculaires cérébraux（AVC）

De nombreuses "maladies cardiaques" peuvent entraîner des "maladies cérébrales". Parce que 15% du sang pompé par le cœur va au cerveau. Si des caillots sanguins et d'autres productions morbides indésirables se développent dans le cœur, ils peuvent être délogés lorsque le cœur se contracte et se dilate, et les petites embolies délogées peuvent pénétrer dans le cerveau avec la circulation du sang et bloquent les vaisseaux sanguins, cela peut conduire à un "accident vasculaire cérébral cardiogénique".

Quelles sont les maladies cardiaques les plus courantes ?

- Fibrillation auriculaire (simplement appelé FA) : elle prédispose à la thrombose auriculaire gauche et est la cause la plus courante d'accident vasculaire cérébral cardiogénique.
- Maladie valvulaire : certaines maladies valvulaires peuvent entraîner la formation d'une thrombose auriculaire gauche et d'une embolie valvulaire.
- Maladies congénitales : tels que Patent Foramen Ovale (PFO, Foramen ovale non fermé), manque de la cloison interauriculaire ou la cloison septale. Les plus fréquentes sont les PFO.
- Tumeurs : les tumeurs mucineuses cardiaques sont les plus fréquentes, d'où détachent des petites embolies
- Infarctus du myocarde, insuffisance cardiaque, etc. L'infarctus du myocarde de grande taille peut former une paroi ventriculaire qui peuvent facilement entraîner une thrombose dans le cœur ; L'insuffisance cardiaque et fonctions incomplètes peuvebt facilement conduire à une stagnation du sang formant sangthrombose du cœur.

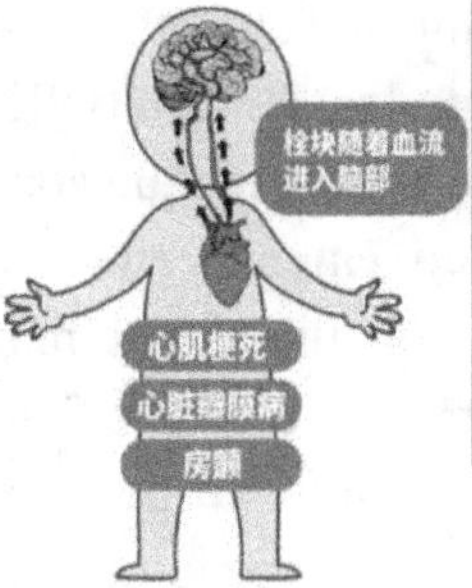

栓块随血流进入脑部	Des emboles pénètrent dans le cerveau avec la circulation sanguine
心肌梗死	Infarctus du myocarde
心脏瓣膜病	Maladie des valves cardiaques
房颤	Fibrillation auriculaire

Petite question courante

XU, homme, 36 ans.

Q : Mon père souffre de fibrillation auriculaire et un récent ECG n'a pas révélé de fibrillation auriculaire. Cela signifie-t-il que la fibrillation auriculaire n’existe plus ?

R : La plupart des fibrillations auriculaires sont des manifestations paroxystiques et un tracé ECG normal ne signifie pas qu'il n'y a plus de fibrillation auriculaire. Des tests répétés et une surveillance régulière de l'ECG sont nécessaires. Il faut effectuer une surveillance ECG continue sur 24 heures, souvent appelée "Holter cardiaque", peut être utilisée pour mieux confirmer le diagnostic.

2. Plaque carotidienne et accident vasculaire cérébral

De nombreuses personnes ont eu une plaque carotidienne détectée lors d'un examen médical avec échographie de la carotide. Certaines personnes sont demandées à se faire suivre régulièrement et à ne pas prendre de médicaments tout de suite, tandis que d'autres sont invitées à prendre une statine pour éviter que la plaque ne se détache et ne provoque un accident vasculaire cérébral. Pourquoi y a-t-il une différence ?

Avec l'âge, l'athérosclérose se développe à certains niveaux divers chez tout le monde, mais pour certains groupes, l'athérosclérose est plus sévère comme celles qui présentent un ou plusieurs facteurs de risque vasculaire (hypertension artérielle, taux élevé de lipides, diabète, tabagisme, etc.). Si la plaque continue à se développer, elle entraîne un rétrécissement, voire une obstruction des vaisseaux sanguins, ce qui conduira à une maladie coronarienne, à un infarctus du myocarde ou à un accident vasculaire cérébral. Cependant, toutes les plaques ne peuvent pas provoquer de maladies cardiovasculaires, ça dépend de leur taille et nature.

La plaque carotidienne est une cause très fréquente de maladie cérébrovasculaire ischémique. Selon la taille de la plaque, elle peut entraîner différents degrés de sténose luminale : ① Si la sténose est inférieure à 50% , c'est une sténose légère; ② sténose modérée si entre 50 et 70% ; ③ sténose sévère si supérieure à 70%.

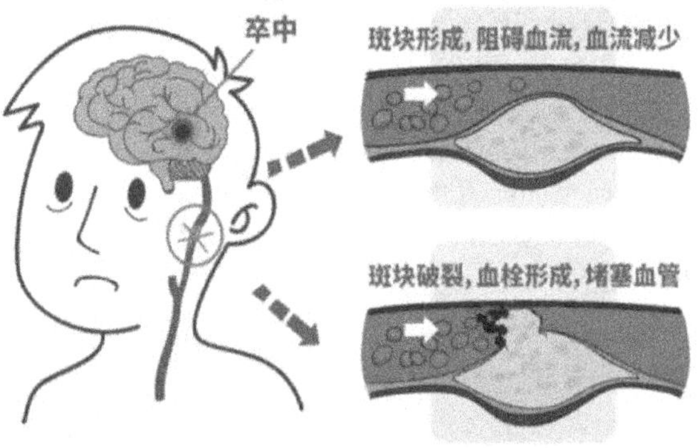

动脉粥样硬化斑块导致卒中
Plaques athérosclérotiques à l'origine d'AVC

卒中	AVC
斑块形成，阻碍血流，血流减少	Formation de plaques qui obstruent la circulation sanguine, par conséquent, réduction de la circulation sanguine.
斑块破裂，血栓形成，堵塞血管	Rupture de la plaque forme la thrombose et l'obstruction des vaisseaux sanguins.

Une plaque carotidienne est souvent détectée lors d'un examen physique, généralement sous forme d'une sténose légère ou modérée sans symptômes évidents. Certaines personnes peuvent souffrir de vasoconstriction dans certaines conditions (froid, stress émotionnel, etc.), ce qui entraîne un rétrécissement des vaisseaux déjà rétrécis et une diminution significative du débit sanguin cérébral, causant des symptômes d'ischémie cérébrale transitoire, tels que vertiges, maux de tête, cécité et fatigues. Lorsque la plaque se développe au point que le vaisseau sanguin est presque obstrué, un accident vasculaire cérébral peut facilement se produire. (Remarque : chez certaines personnes, bien que le vaisseau soit presque bloqué, l'autre côté du vaisseau compense le côté ischémique du cerveau, et le patient peut rester asymptomatique et occasionnellement avec symptômes ischémiques cérébraux transitoires).

La nature de la plaque est variable: ① certaines plaques sont solides, avec une surface lisse qui ne se rompt pas, comme une épaisse couche de saleté collée à la paroi d'une conduite d'eau.② certaines plaques sont fragiles, avec une surface creusée et en flammée qui peut facilement se rompre, entraînant une formation de thrombose qui bouche le vaisseau sanguin, ce qui entraîne un accident vasculaire cérébral (AVC). Parfois, de petits emboles peuvent être délogés et bloquer la circulation sanguine dans de petits vaisseaux distants, ce qui peut entraîner un AVC. Pour ce type de plaque instable, les médecins recomman dent généralement des statines. Ces médicaments ont la capacité de stabiliser la plaque, de l'inhiber ou de l'inverser, et sont souvent utilisés pour la prévention d'AVC.

Pour les plaques plus grandes ou instables, un traitement médicamenteux (aspirine, statines) s'impose. En plus de l'intervention médicamenteuse (aspirine, statines), un traitement chirurgical est également possible ; il faut pour cela que le médecin évalue la plaque en tant que cause de l'AVC avant de prendre la décision d'opérer et de choisir le plan chirugical. Il existe deux types de chirurgie : l'endoprothèse carotidienne et l'endartériectomie carotidienne. (aussi connue sous le nom d'endartériectomie carotidienne). Ces deux interventions sont décrites plus tard dans la section au sujet du traitement.

Petite question courante

Wang, femme, 72 ans.

Q : Lors de mon examen physique par chographie, une plaque "hypoéchogène" a été détectée sur ma carotide. 《 Ai-je besoin d'une intervention chirurgicale ou d'un stent ? 》

R : Une plaque "hypoéchogène" signifie que la plaque n'est pas très stable. La décision sur la prise des statines dépend de la taille de la plaque et du degré d'instabilité de sa surface. Pour les patients asymptomatiques ou ceux présentant une sténose légère ou modérée (sténose≤ 70%), en général l'intervention chirurgicale n'est pas recommandée. Ce sera traité plutôt par une modification du mode de vie (par exemple, régime alimentaire sain, augmentation de l'exercice physique, sérénité d'esprit, travail et repos réguliers, etc.) et contrôle des différents facteurs de risques vasculaires (hyperlipidémie, hypertension, diabète). Lorsque la plaque est importante et instable, le medecin prendra la décision d'opérer en fonction du risque d'accident vasculaire cérébral et de l'état physique du patient.

3. Le tabagisme et les AVC

(1) Le tabac contient des substances pro-coagulantes qui augmentent la densité et la viscosité du sang et ralentissent le flux sanguin, facilitant l'adhésion et l'agrégation des plaquettes, ce qui favorise la formation de thrombose.

(2) Le tabagisme à long terme accélère le vieillissement vasculaire, endommage les parois artérielles, favorise le dépôt de lipides et, de concert avec l'lhyperlipidémie, l'hypertension arté-

rielle et l'hyperglycémie, il favorise également la formation de plaques d'athérome.
(3) Le tabagisme peut affecter le métabolisme des lipides et favoriser le développement d'une hyperlipidémie.
(4) La nicotine contenue dans le tabac peut entraîner des vasospasmes, une augmentation de la pression artérielle et des troubles cardiaques. Si un spasme se produit dans les artères coronaires du cœur en raison de l'athérosclérose, il peut entraîner une maladie coronarienne ou même un infarctus du myocarde, si c'est dans les artères cérébrales, cela conduira à un AVC.
(5) En cas de tabagisme prolongé, les substances nocives contenues dans le tabac peuvent augmenter la sécrétion de certaines hormones dans l'organisme, ce qui entraîne une augmentation de la pression artérielle et une accélération du rythme cardiaque.

En résumé, le tabagisme accélère les lésions des vaisseaux sanguins de diverses manières et constitue un facteur important d'accident vasculaire cérébral.

Chapter 3

Identification des AVC et tests courants

I. Connaissance de base

1. Signes d'un AVC : l'accident ischémique transitoire

Chez un tiers des personnes ayant subi un accident vasculaire cérébral, des signes précurseurs apparaissent des jours, des semaines, voire des mois avant l'accident proprement dit. C'est ce que l'on appelle en médecine un Accident Ischémique Transitoire (AIT) ou un "mini-AVC". Les signes les plus courants sont les suivants :

- Vertiges ou maux de tête différents de la normale, parfois accompagnés d'attaques de panique et de fausses sueurs. Comme le disent les praticiens de la médecine chinoise, "les vertiges sont le début progressif de l'accident vasculaire cérébral".
- Engourdissement et faiblesse des membres : sensation soudaine d'engourdissement d'un bras ou d'une jambe ou du visage. (dans certains cas, engourdissement de la langue ou des lèvres), pouvant s'accompagner d'une impression de faiblesse ou d'incapacité à se mouvoir.
- Troubles soudains de la vision ou noirceur soudaine devant les yeux.
- Une maladresse soudaine dans l'élocution ou un bredouillement.
- Chute soudaine sans aucune prémonition, ou accompagné de courtes périodes de confusion.
- Faiblesse et fatigue de tout le corps, ou oppression dans la poitrine, palpitations ou fausses sueurs.
- Autres : certaines personnes ressentent des fluctuations de la pression artérielle ; d'autres présentent une somnolence et des troubles de l'humeur. Certaines personnes peuvent avoir soudainement une réaction anormale de leur personnalité, comme

le silence, l'indifférence ou l'irritabilité bavarde.

Ces symptômes durent généralement de quelques minutes à quelques heures, généralement moins de 24 heures avant la guérison complète, sans laisser de séquelles. À cause de sa récupération rapide, elle est négligée souvent par de nombreux patients et leurs familles, qui supposent que les symptômes s'améliorent après le repos et peu d'impact sur leur santé, pas nécessaire de se rendre à l'hôpital à temps pour un diagnostic. En fait, tant que les symptômes durent plus d'une à deux heures, et que ça se répète plusieurs fois la plupart des patients sont susceptibles de développer un accident vasculaire cérébral.

Selon des statistiques incomplètes, le risque d'accident vasculaire cérébral dans les 7 jours suivant un "mini-AVC" se situe entre 4% et 10%, et dans les 3 mois, entre 10% et 20%. Les patients qui ont subi un "mini-AVC" sont 30 fois plus susceptibles d'en subir un autre dans le mois qui suit que ceux qui n'en ont jamais subi.

Petite question courante

Jiang, homme, 65 ans.
Q : Mon père semble délit de possession, il a parfois des difficultés à parler proprement et son membre droit est faible mais cela dure quelques minutes et disparaît ensuite sans douleur. De quoi s'agit-il ?
R : D'après la description, il peut s'agir d'un accident ischémique transitoire, qui est probablement un signe précurseur d'un accident vasculaire cérébral (AVC). Il faut aller voir un médecin dans ce cas là pour compléter avec les tests afin de prévenir une maladie cérébrovasculaire grave qui pourrait survenir ultérieurement.
Jiang, homme, 65 ans.

2. Identification de l'AVC en préhospitalier : manifestations courantes après la survenue de l'AVC

Les symptômes post-AVC varient en fonction de la localisation et de la taille de la lésion. Voici quelques symptômes courants après un AVC. Mémoriser ces signes aident à identifier un AVC préhospitalier.

- Hémiplégie : faiblesse ou engourdissement d'un membre (supérieur et/ou inférieur) avec ou sans paralysie faciale.
- Paralysie faciale : engourdissement d'un côté du visage ou déformation des coins de la bouche.
- Trouble de l'élocution : incapacité à parler, ou trouble de l'élocution, ou difficulté à comprendre les paroles.
- Déficience visuelle : perte de la vision ou vision floue d'un oeil ou des deux yeux, ou les deux yeux regardent fixement d'un côté.
- Troubles de la conscience : effondrement soudain ou convulsions, perte de connaissance.
- Maux de tête soudains, vertiges, perte de balance ou des mouvements non coordonnés, qui sont fréquents après une lésion du cervelet.

L'apparition de ces symptômes ne signifie pas nécessairement que vous avez subi déjà un AVC, mais si vous présentez l'un de ces symptômes susceptibles, vous devez appeler le 120 pour obtenir des soins médicaux d'urgence. En cas de maladie cérébrovasculaire, plus le traitement est tôt, mieux c'est, car c'est une course contre la montre.

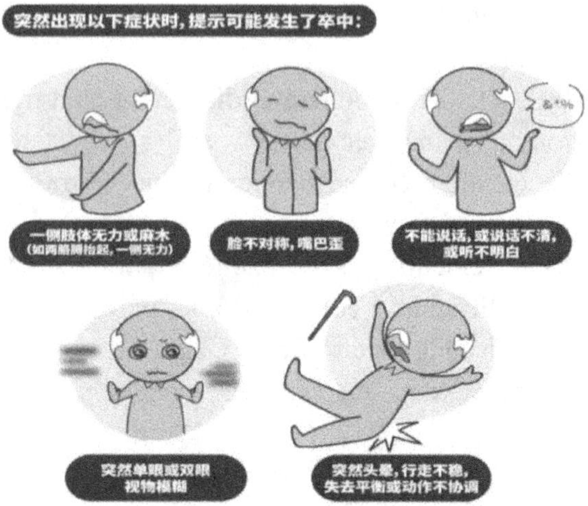

突然出现以下症状时，提示可能发生了卒中	L'apparition soudaine des symptômes suivants pourrait indiquer une attaque d'AVC
一侧肢体无力或麻木（如两胳膊抬起，一侧无力）	Faiblesse ou engourdissement d'un membre (par exemple, lever les deux bras et manque de force sur un côté)
脸不对称，嘴巴歪	Visage asymétrique et bouche de travers
不能说话或话说不清，或者听不明白	Incapacité à parler, ou trouble de l'élocution, ou difficulté à comprendre les paroles.
突然单眼或双眼视物模糊	Vision trouble soudaine d'un oeuil ou des deux yeux
突然头晕，行走不稳，失去平衡或者动作不协调	Vertiges soudains, marcher de façon instable perte de balance ou des mouvements non coordonnés

II. Questions et Réponses

1. Pourquoi "la fin d'histoire d'un AVC est dépendant souvent d'un coup de fil" ?

R : Bien que le cerveau humain soit petit, il nécessite environ 20 % de l'apport sanguin total du corps. Par conséquent, le cerveau est très dépendant du sang et sensible à l'ischémie, et une 20% de l'apport sanguin total du corps. Par conséquent, le cerveau est très dépendant du sang et sensible à l'ischémie, et une fois en manque, les cellules cérébrales deviennent rapidement nécrosées et ne peuvent pas être régénérées. Par conséquent, plus vite un accident vasculaire cérébral est traité, mieux c'est : le temps est un facteur essentiel pour la vie et la mort.

Quel est donc le moyen le plus simple d'identifier un accident vasculaire cérébral ? Voici les cinq symptômes d'AVC les plus courants identifiés par les experts médicaux. Si vous ressentez l'un de ces symptômes, vous devez immédiatement appeler les services d'urgence, car il s'agit peut-être de votre dernière chance de vous récupérer, voire de survivre.

Les 5 symptômes sont : **difficultés en balance (B pour balance), difficultés de vision (E pour eyes), désalignement de la face (F pour face), bras déséquilibré (A pour arms), problèmes d'élocution (S pour speech)**, plus le temps (T pour time), un appel rapide est nécessaire dans un de ces cas. Ceci est résumé dans le mot anglais "BE FAST", qui signifie "Réagir vite dès que possible" en chinois.

- **B**（Balance）： Difficulté de balance (Position debout ou marche instable, incapacité à équilibrer le corps) ;
- **E**（Eyes）： Trouble de vision（Vision floue）；
- **F**（Face）： désalignement de la face（Asymétrie du visage, bouche de travers）；
- **A**（Arms）： bras déséquilibré (faiblesse ou engourdissement d'un membre supérieur ou inférieur, incapacité à se soulever horizontalement).
- **S**（Speech）： Trouble d'élocution (impossible à parler ou difficulté d'élocution);
- **T**（Time）： à Temps (appelez les urgences dès que possible si vous présentez les symptômes ci-dessus).

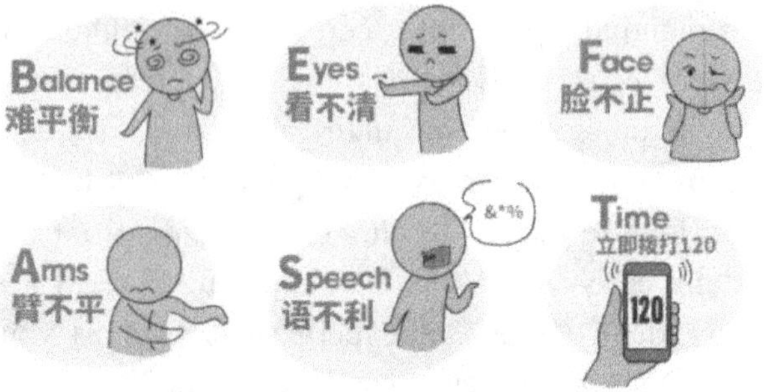

BE FAST

Outil d'identification précoce des AVC

Petite question courante

Tian, homme, 51 ans.

Q : Mon père souffre de maux de tête à répétition, qui se présentent de la même manière à chaque fois. S'agit-il d'un accident vasculaire cérébral ?

R : Pas nécessairement. Il existe de nombreuses causes de maux de tête, comme l'hypertension artérielle, le glaucome et le stress etc. Bien que les maladies cérébrovasculaires puissent provoquer des maux de tête, mais elles se manifestent généralement par un mal de tête sévère pour la première fois, ou par un mal de tête très différent des précédents. Dans ces cas, il est important de consulter rapidement un médecin.

2. Quelle est la meilleure façon d'amener un patient à l'hôpital pour un traitement d'urgence ?

R : Dès qu'un AVC soupçonné détecté, il faut se faire rendre à l'hôpital. Certaines personnes ont l'habitude d'appeler le 120 ou le 999. D'autres appellent un voisin ou la famille en utilisant une voiture particulière ou un taxi pour le transport du patient. Quel est le moyen le plus scientifique et le moins risqué de se rendre à l'hôpital ?

Dans notre système d'urgence médicale, les ambulances ne sont pas seulement équipées de secouristes, mais aussi de médicaments et d'équipements appropriés, de sorte que, sur le chemin menant à l'hôpital, les médecins urgentiste peuvent mieux connaître les symptômes et les antécédents médicaux du patient, effectuer des examens de base et des tests de dépistage afin de l'aider à choisir le meilleur hôpital pour son traitement.

Afin de fournir les meilleurs soins possibles en cas d'accident vasculaire cérébral aigu, les hôpitaux de la plupart des villes chinoises ont mis en place des unités spéciales comme "passage vert" pour les patients d'AVC. Sur le chemin à l'hôpital, le médecin urgentiste de l'ambulance contacte l'équipe AVC de l'hôpital et informe les services appropriés (par exemple, imagerie, intervention) et le personnel médical est ainsi préparés à l'avance. Une fois le patient arrivé à l'hôpital, les soins d'urgence sont administrés immédiatement.

Il est clair que ce type de transfert par ambulance vers l'hôpital en appelant le numéro d'urgence (120 ou 999) est le moyen le plus rapide et le plus sûr de sauver le patient de l'accident vasculaire cérébral.

3. Que faire avant l'arrivée de l'ambulance après un AVC aigu ?

Dès qu'une suspicion d'AVC est détectée, il faut appeler immédiatement le numéro d'urgence. Lors de la prise en charge du patient avant l'arrivée de l'ambulance, la famille ou la personne qui se trouve à ses côtés doit prêter attention aux aspects suivants :

(1) Si le patient est inconscient, il faut l'allonger sur le dos, la tête et les épaules légèrement surélevées et la tête inclinée sur un côté pour éviter l'asphyxie causée par l'aspiration d'expectorations ou de vomissures ; s'il y a des vomissures dans sa bouche ou son nez, essayez de les enlever. En même temps, déboutonner le col, enlever la cravate, etc., du patient. S'il y a des prothèses dentaires, il faut également les enlever pour s'assurer que les voies respiratoires du patient sont dégagées et pour éviter de les aspirer par erreur.

(2) Si le patient est conscient, il faut veiller à le réconforter et à soulager sa nervosité.

(3) Enregistrer l'heure de survenue de la maladie : l'heure de survenue de la maladie est une référence importante pour la décision ultérieure du médecin concernant le plan de traitement. Des captures d'écran de l'heure sur l'horloge ou notes au crayon sont tous faisables.

(4) Surtout ne pas donner médicaments sans diagnostic clair de la maladie au patient.

(5) Les ambulances disposent d'un personnel médical et des équipements de réanimation, il n'est pas recommandé pour le transport de patients par ses propres moyens, si des circonstances particulières exigent, la manière correcte est la suivante : Une personne doit tenir la tête et les épaules du patient de manière à ce que la tête ne

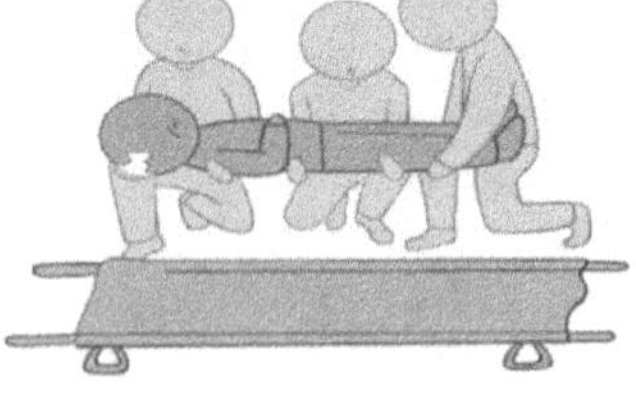

soit pas secouée ou à traveres; et une autre personne doit tenir le dos et les fesses, s'il y a une troisième personne,elle doit tenir le patient par les jambes, il faut mettre à plat le patient avec les trois personnes travaillant ensemble. Déplacer le patient sur un brancard ou un lit, ne pas l'asseoir en position verticale pendant le levage. Ne pas porter ni trainer ni mettre sur le dos ni porter sur l'épaule le patient.

Section 2 Les tests courants après un AVC

I. Connaissance de base

Il existe de nombreux tests pour le cerveau, mais à quoi servent-ils exactement? C'est un peu comme comme pour le contrôle d'une maison, il faut vérifier à la fois la structure de la maison,la plomberie,les circuits électriques,etc.Voici un tableau qui vous aidera à comprendre la liste des tests à faire après un accident vasculaire cérébral (tableau 3.1).

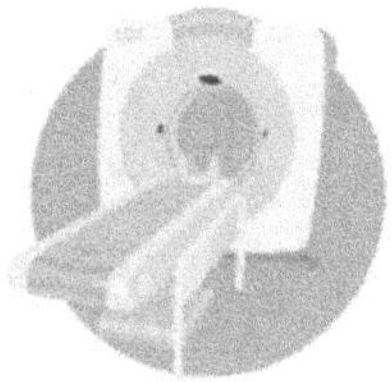

scanner

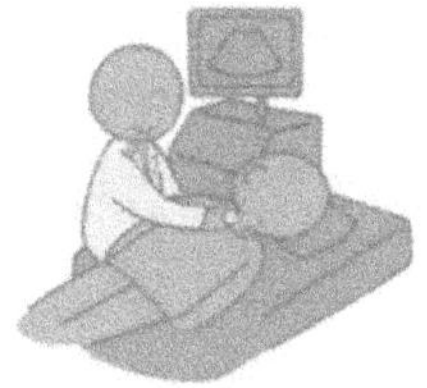

Échographie carotidienne

Echocardiographie

Électrocardiogramme

Résonance magnétique nucléa

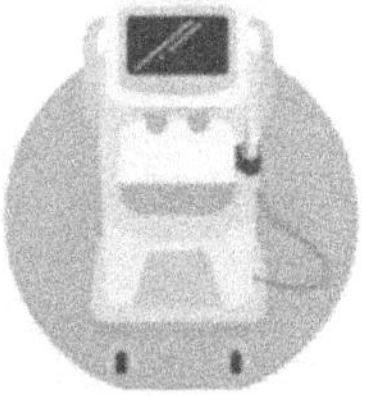

Doppler transcrânien

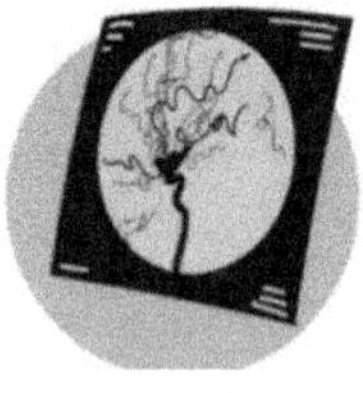

Angiographie cérébrale

Tableau 3.1 Tests courants pour les maladies cérébrovasculaires					
Localisation	projet	Présence de radiation	Injection d'un produit de contraste	prix	S'appliquer à
Parenchyme cérébral	CT classique	OUI	NON	bas	Evaluation rapide de Parenchyme cérébral
	Imagerie par résonance magnétique classique	NON	Non à priori	Assez élevé	Evaluation détaillée de Parenchyme cérébral
Cérébrovasculaire	Échographie vasculaire cervicale	NON	NON	Bas	Dépistage de la sténose vasculaire cervicale
	Échographie Doppler transcrânienne (TCD)	NON	NON	Bas	Dépistage de la sténose vasculaire intracrânienne
	Angiographie CT (CTA)	OUI	OUI	Elevé	Examen vasculaire cervical et intracérébral
	Angiographie du cou par résonance magnétique	NON	OUI	Elevé	Examen vasculaire cervical
	Angiographie intracérébrale par résonance magnétique	NON	NON	Elevé	Examen vasculaire cérébral
	Imagerie par résonance magnétique à haute résolution des plaques	NON	Selon	Elevé	Evaluation locale détaillée de la paroi du vaisseau (observation détaillée de la plaque)
	Angiographie cérébrale	OUI	OUI	Le plus élevé	Test le plus précis refletant l'état cérébrovasculaire mais invasif, il n'est généralement envisagé qu'après les tests susmentionnés.
Électroencéphalo-graphie	Électroencéphalographie	NON	NON	Elevé	Pas nécessaire pour la plupart des maladies cérébrovasculaires, utilisé uniquement en cas de suspicion d'épilepsie.

Note : Les prix inférieurs à 500 RMB sont considérés comme bas, supérieurs à 500 RMB sont considérés comme élevés.

II. Questions et Réponses

1. Quelles informations les examens auxiliaires peuvent-ils fournir au diagnostic et au traitement de la maladie ?

R: **(1)Déterminer de quel type d'AVC il s'agit:**infarctus cérébral, hémorragie cérébrale ou hémorragie sous-arachnoïdienne?
(2) Aider à déterminer la localisation et la gravité de la lésion : car la taille et la localisation de la lésion contribuent à déterminer la gravité de la maladie. En général, les fraîches lésions de grande taille ou situées dans le cervelet et le tronc cérébral peuvent être plus graves.
(3) Aider à la recherche de la cause : il existe de nombreuses causes d'infarctus cérébral, telles qu'une plaque artérielle délogée, des embolies d'origine cardiaque, etc., et des examens complémentaires sont nécessaires pour confirmer le diagnostic.
(4) Aider à la prise de décision concernant le traitement : après évaluation de la cause, de la localisation et de la gravité de la maladie par des examens auxiliaires, la meilleure stratégie de traitemen est prise, y compris le traitement médicamenteux et le traitement chirurgical (intervention endovasculaire, craniotomie), etc.

2. Quelles sont les spécificités de chaque test ?

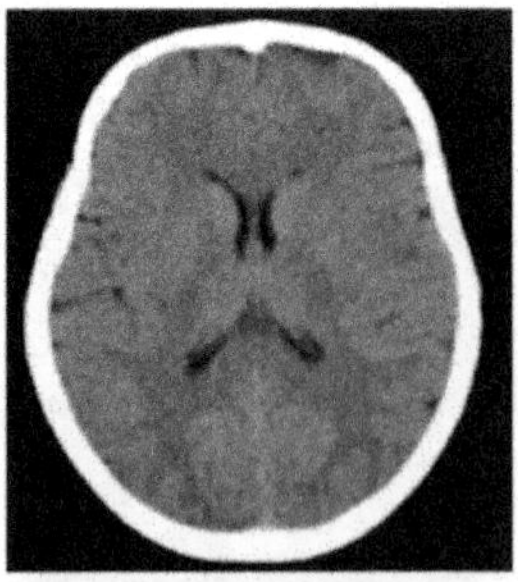

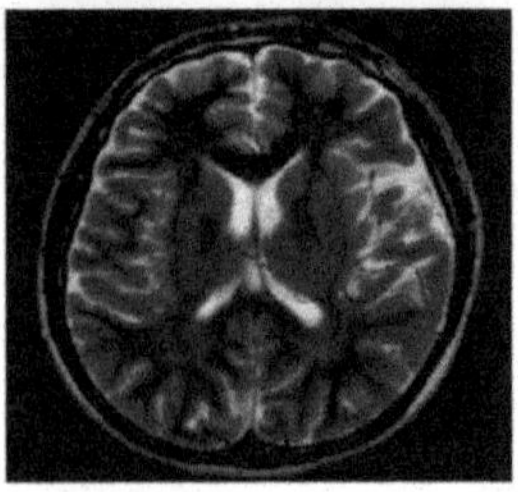

R : (1) CT céphalométrique: il s'agit d'un examen tres rapide, qui dure environ 3 minutes.Il est particulièrement adapté auxsituations d'urgence. C'est le moyen le plus courant et le plus pratique pour visualiser les lésions intra-structurelles (infarctus, hémorragies, tumeurs, etc.), et surout sensible à la visualisation des hémorragies.
(2) Imagerie par résonance magnétique crânienne (MRI) : fournit plus d'informations que le scanner CT,

avec une imagerie plus claire et permet de détecter les petites lésions et de distinguer les lésions anciennes des lésions récentes.

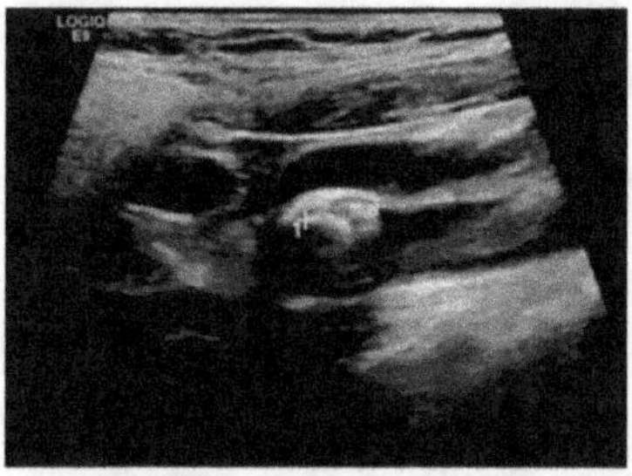

(3) Échographie vasculaire cervicale : examiner les gros vaisseaux sanguins du cou pour détecter si des sténoses ou des plaques sont présentes, et évaluer si la plaque est facile à rompre. En général, plus l'écho de la plaque est bas, plus la plaque est instable et plus elle est susceptible de se rompre et de rejeter de petites embolies provoquant l'obstruction des petits vaisseaux terminaux.

(4) Échographie Doppler transcrânienne : l'échographie peut détecter vitesse, direction, morphologie, etc., du flux sanguin, afin de déterminer la présence d'une sténose, occlusion, malformation, plaque ou si les vaisseaux collatéraux de compensation sont ouverts, etc.

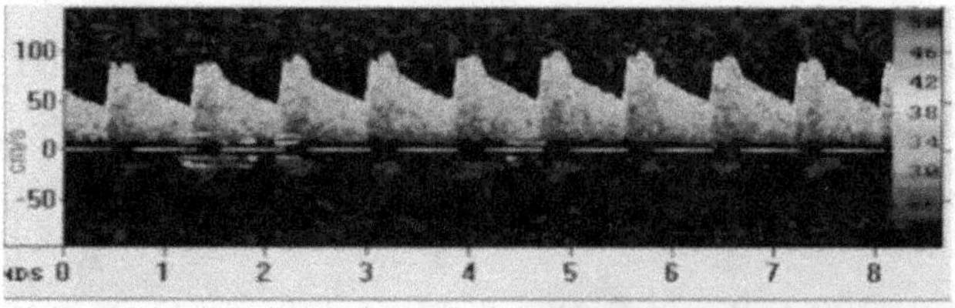

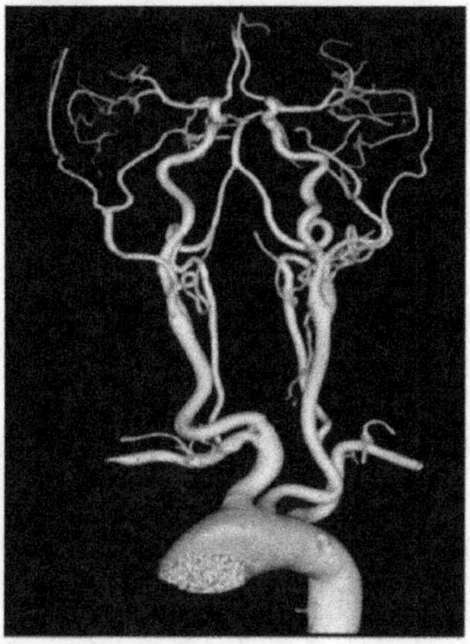

(5) Angiographie par scanner : En introduisant un agent de contraste,il est possible d'examiner les vaisseaux cervicaux et cérébraux, voir si ceux-ci sont rétrécis, obstrués, bouchés et si la paroi des vaisseaux est en bon état.

(6) Angiographie par résonance magnétique : lors de la recherche des vaisseaux sanguins cervicaux (extracrâ-

niens), un agent de contraste est nécessaire pour l'observation , alors qu'il n'en est généralement pas nécessaire pour l'observation des vaisseaux intracrâniens.Outre la visualisation de la structure vasculaire, il est également possible d'évaluer la direction et la vitesse du flux sanguin. Ce etest est adapté aux patients allergiques aux produits de contraste ou dont la fonction rénale est gravement perturbée (métabolisme des produits de contraste par les reins) .C'est également le premier choix pour le dépistage des anévrismes intracrâniens.

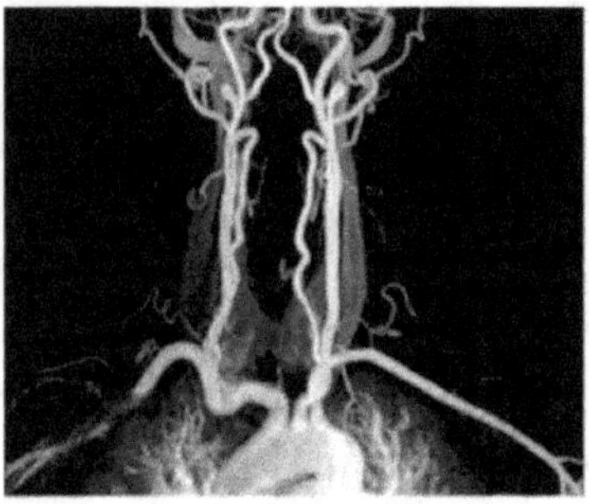

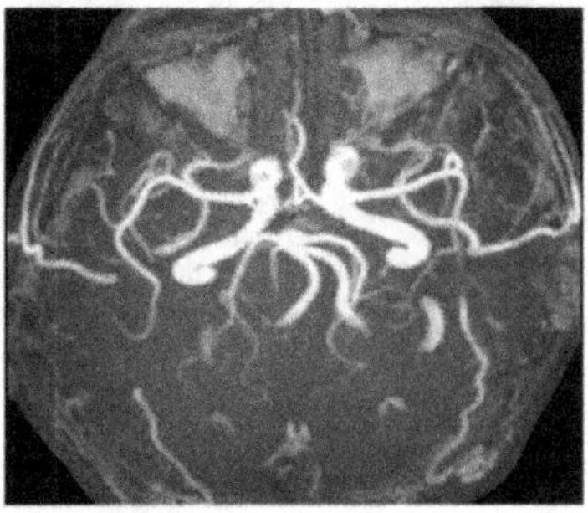

(7) Angiographie cérébrale (DSA): Après injection d'un agent de contraste, elle fournit une image réaliste, en temps réel, dynamique et tridimensionnelle du sang cérébral et de l'état de la circulation sanguine. Elle est considérée comme l'étalon-or" de l'examen cérébrovasculaire en raison de la réalisaiton en temps réel et de sa précision. Elle permet de visualiser clairement les gros et les petits vaisseaux, mais à un coût plus élevé.

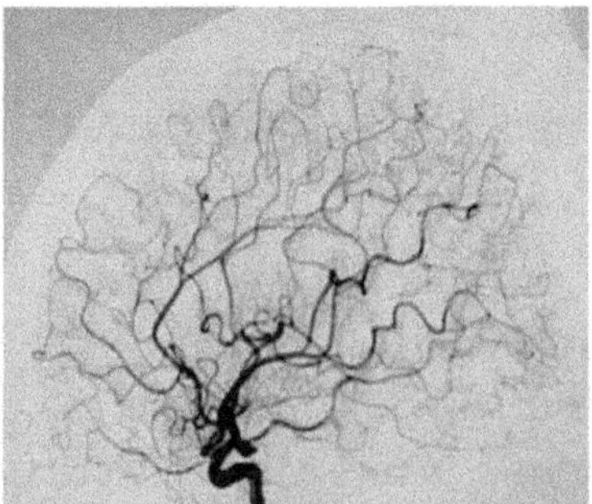

(8) Autres examens : En plus des examens vasculaires intracrâniens et extracrâniens mentionnés ci-dessus, le tableau 3.2 présente d'autres examens couramment pratiqués après un AVC.

Tableau 3.2 Autres examens courants après un AVC

Examens cardiaques	Électrocardiogramme Echocardiographie Électrocardiogramme ambulatoire de 24 heures	Déterminer si l'accident vasculaire cérébral est dû à une maladie cardiaque
Analyses sanguines	Analyses de sang, d'urine et de selles Examens des fonctions hépatiques et rénales Tests de coagulation, de glycémie et de lipides	Dépistage des facteurs de risque associés à l'AVC, aide à la surveillance des effets secondaires des médicaments et évaluation des facteurs affectant le traitement de l'AVC (par exemple, la coagulation)

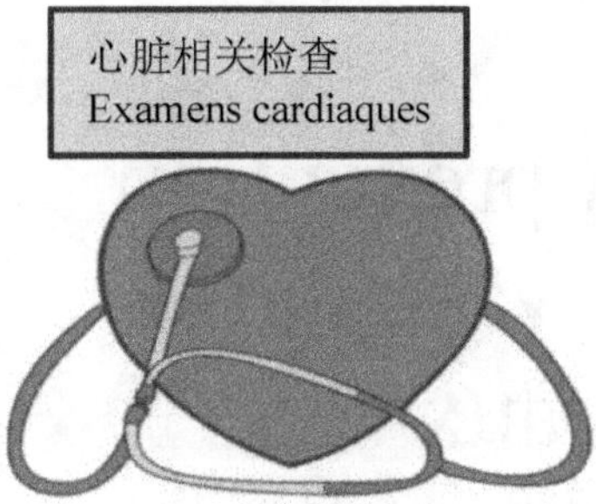

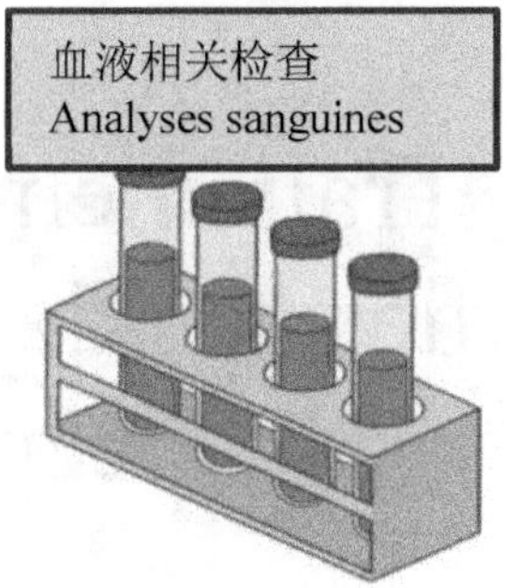

Petite question courante

Zhang, homme, 56 ans.

Q : Beaucoup de mes amis ont subi une échographie carotidienne et un CT de la tête lors de leurs examens médicaux. Dois-je également se faire effectuer ces examens ?

R : Compte tenu du rapport du prix-bénéfice, de nombreux pays (y compris l'Europe et les États-Unis) indiquent clairement que l'échographie carotidienne n'est pas nécessairement requise dans le cadre des visites médicales rituelle.

L'échographie des artères n'est pas un examen de routine. Quant à la recherche par CT de la tête, comme le test lui-même implique des radiations donc ce n'est pas recommandé.

4

Chapitre 4

Traitement et prévention des accidents vasculaires cérébraux

Section 1 Traitement médicamenteux

I. Connaissance de base

1. Principes du traitement de l'AVC en phase aiguë

L'AVC est une maladie aiguë et le principe du traitement est : plus tôt mieux c'est. Il peut s'agir d'un accident vasculaire cérébral ischémique ou hémorragique et le traitement est différent.

Le traitement pour un AVC ischémique consiste à ouvrir le vaisseau le plus rapidement possible. Les méthodes comprennent thrombolyse intraveineuse et thrombectomie intravasculaire. Si aucune de ces approches ne convient, un traitement antithrombotique (antiplaquettaires et des anticoagulants) est indiqué. L'objectif est de prévenir la formation de nouveaux thrombus et d'empêcher l'extension et l'élargissement des thrombus existants.

La décision de traiter un AVC hémorragique par des médicaments ou par intervention chirurgicale, cela dépend de la gravité des résultats des tests d'imagerie. Le traitement médicamenteux est principalement un traitement symptomatique, qui consiste à arrêter l'hémorragie et à prévenir l'œdème cérébral, tandis que la chirurgie est nécessaire pour retirer les hématomes lorsqu'ils sont volumineux.

En clinique, environ 85% des accidents vasculaires cérébraux sont ischémiques et seulement 15% sont hémorragiques. Étant donné cette proportion, la section suivante se concentre sur les "AVC ischémiques".

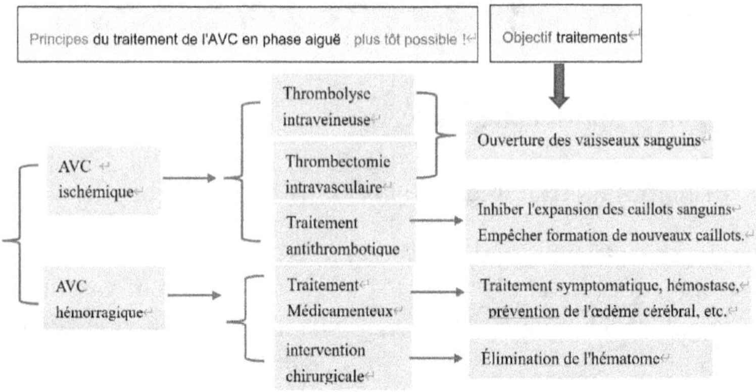

2. Objectifs du traitement dans la phase aiguë de l'AVC

L'AVC ischémique (également appelé infarctus cérébral ou thrombose cérébrale) est un blocage d'un vaisseau sanguin dans le cerveau, entraînant une ischémie ou même un infarctus. Les cellules cérébrales sont très sensibles à l'ischémie et à l'hypoxie et il existe une période transitoire entre le début de l'ischémie et la fin de l'infarctus. Une fois le flux sanguin rétabli, le tissu cérébral dans un état transitoire d'ischémie (appelé en médecine "Zone ischémique semi-obscure", c'est-à-dire l'ensemble de la zone ischémique hormis la zone centrale infarcie dans le diagramme ci-dessous) peut revenir à un état normal sans avancer jusqu'à l'infarctus.

Par conséquent , l'objectif du traitement dans la phase aiguë de l'infarctus cérébral est d'ouvrir les vaisseaux sanguins le plus vite possible pour rétablir la circulation sanguine et sauver les tissus cérébraux ischémiques de la nécrose, car une fois que les cellules cérébrales sont sont nécrosées, il est impossible de les régénérer.

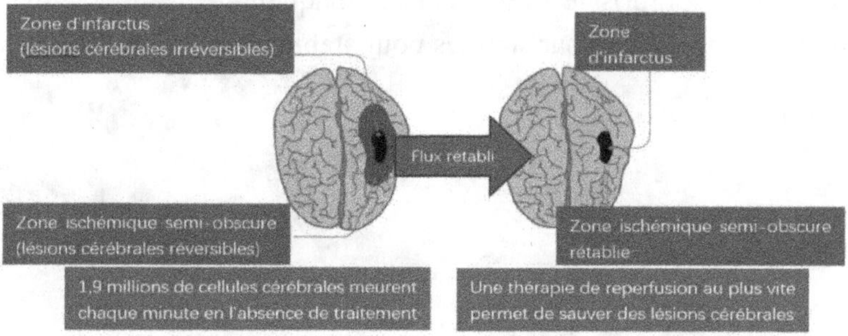

Objectifs du traitement en phase aiguë

3. Mesures courantes pour ouvrir les vaisseaux sanguins dans la phase aiguë de l'AVC

Puisque dans la phase aiguë d'un AVC ischémique, l'objectif est d'ouvrir les vaisseaux sanguins dès que possible afin de rétablir la circulation sanguine et de sauver les cellules cérébrales ischémiques en évitant la nécrose, quelles sont les mesures de sauvetage couramment utilisées ?

(1) Thrombolyse intraveineuse : à la fin du XXe siècle, les scientifiques ont découvert une méthode relativement efficace appelée "thrombolyse intraveineuse".

(2) Thrombose artérielle et thrombolyse intra-artérielle : les thrombus situés dans les gros vaisseaux sanguins sont généralement de grande taille et la thrombolyse intraveineuse est souvent inefficace. Ces dernières années, les scientifiques ont trouvé une méthode relativement efficace d'extraction du thrombus intravasculaire à l'aide d'instruments - la thrombolyse artérielle. Avec cette méthode il est également possible d'injecter directement dans le thrombus des médicaments thrombolytiques-thrombolyse intra-artérielle directe.Il s'agit de procédures interventionnelles qui sont décrites en détail dans la section 2 de ce chapitre, sous le titre de « Traitement chirurgical ».

(3) Si aucune de ces options ne convient, le traitement sera adapté à la situation spécifique du patient. Le traitement spéci-

fique le plus courant de la thrombose est la thérapie antithrombotique y compris le traitement antiplaquettaire, l'anticoagulation et le traitement par statines pour stabiliser la plaque.

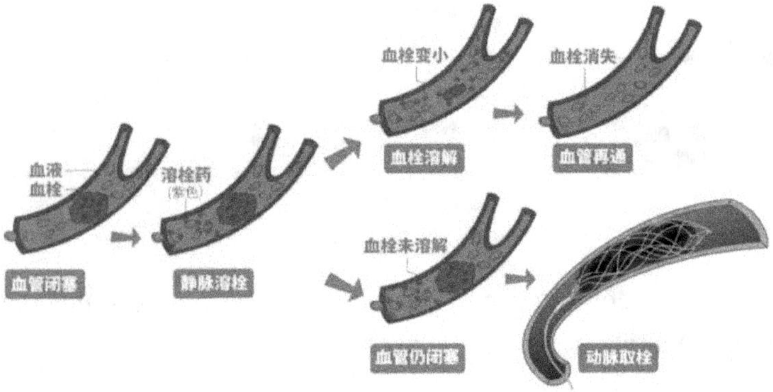

Traitements classiques pour l'ouverture des vaisseaux sanguins dans la phase aiguë de l'infarctus cérébral (thrombolyse intraveineuse + embolisation artérielle)

血管闭塞	Vaisseau sanguins bloqué	血液血栓	Thrombus dans le sang
静脉溶栓	Thrombolyse intraveineuse	溶栓药（紫色）	Thrombolytique (violet)
血栓溶解	Thrombus dissous	血栓变小	Thombus réduit
血管再通	Revascularisation	血栓消失	Thombus disparu
血管仍闭塞	Vaisseau sanguin toujours bloqué	血栓未消融	Thombus non dissous
动脉取栓	Embolisation artérielle		

II. Questions et réponses

1. Quels sont les médicaments les plus utilisés après un AVC ?

R : Le traitement le plus important dans la phase aiguë de l'infarctus cérébral est l'ouverture des vaisseaux sanguins et le rétablissement de la circulation sanguine. En plus de l'ouverture chirurgicale des vaisseaux sanguins, il existe également un traitement médicamenteux, qui consiste principalement en thrombolyse intraveineuse et thérapie antithrombotique, celui ci inclut la thérapie antiplaquettaire et anticoagulante (tableau 4.1).

Tableau 4.1 Les médicaments les plus utilisés après un AVC

Type des médicaments	Les plus utilisés	Objectifs
Médicaments thrombolytiques	Alteplase(rt-PA), Urokinase	Lors de la phase aiguë d'un AVC :dissoudre les thrombus nouvellement formés.
Médicaments antiplaquettaires	Aspirine,Clopidogrel, Dipyridamole, Cilostazol, etc.	Principalement pour les AVC athéroscléreux : prévenir la formation de thrombus et empêcher l'extension et l'élargissement des thrombus nouvellement formés.
Médicament anticoagulants	Médicaments classiques : héparine, warfarine. Nouveaux anticoagulants oraux : Apixaban,Rivaroxaban, Darbigaban,Argatroban, etc.	principalement pour les AVC cardiogéniques(par exemple, fibrillation auriculaire) et pour la prévention et traitement de la thrombose veineuse.

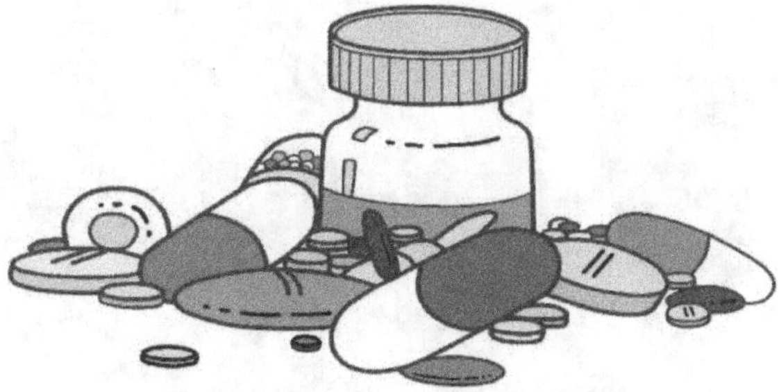

2. Qu'est-ce que la thérapie thrombolytique ?

R : La thérapie thrombolytique consiste à utiliser des médicaments thrombolytiques pour dissoudre les caillots sanguins qui bloquent les vaisseaux du cerveau dans l'objectif de rétablir la circulation sanguine et de restaurer les cellules cérébrales ischémiques et hypoxiques en peu de temps, de sorte que les syndromes d'AVC soient soulagés.

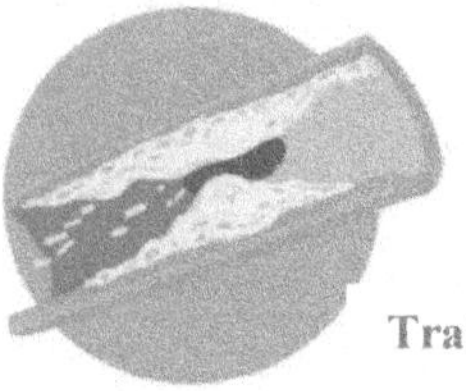

Traitement thrombolytique

La thrombolyse intraveineuse est le traitement le plus efficace, scientifiquement prouvé, de l'AVC ischémique ultra-précoce. Le médicament le plus utilisé est l'alteplase (rt-PA), un agent thrombolytique importé. Ces dernières années, un nouveau médicament thrombolytique, le tenecteplase, a été développé à l'étranger. En clinique il est plus efficace et plus sûr, et il est plus facile à utiliser que le rt-PA. Il devrait être lancé sur le marché chinois dans un avenir proche. Il y aussi un agent thrombolytique chinois, l'urokinase, qui est moins efficace que le rt-PA et avec un risque de saignement plus élevé.

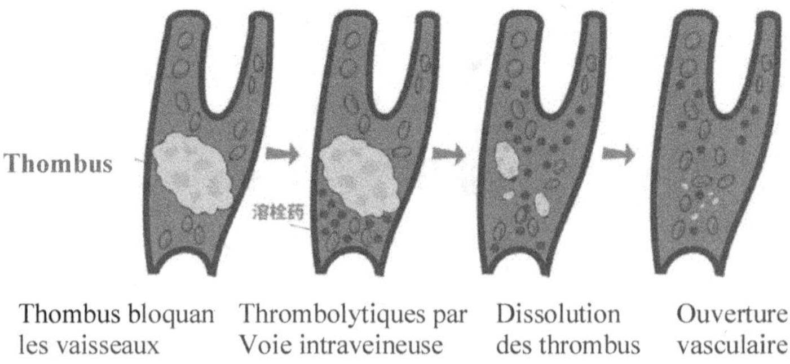

Schéma de traitement thrombolytique par voie intraveineuse

3. Quelle est la condition la plus fondamentale pour la thrombolyse intraveineuse ?

R : Avant de parler de la thrombolyse, il est important de comprendre d'abord que seuls les thrombus nouvellement formés peuvent être traités par les médicaments.Avec le temps écoulé, le thrombus se mécanise, ce qui est similaire à la cicatrisation,le thrombus et la paroi du vaisseau sanguin sont étroitement liés par les cellules nouvellement formées de la paroi du vaisseau sanguin, dans ce cas là impossible de les dissoudre par des médicaments.Le thrombus commence généralement à se mécaniser le deuxième jour après le démarrage d'un AVC, par conséquent, plus la thrombolyse est pratiquée tôt, mieux c'est, et les patients doivent être transportés à l'hôpital dès que possible. La condition la plus fondamentale pour la thrombolyse intraveineuse est donc le délai de traitement. Les lignes directrices chinoises pour la prise en charge de l'AVC ischémique aigu (édition 2018) recommandent un délai de 4,5 heures après l'apparition d'un AVC. Ces dernières années avec le développement des technologies d'imagerie, la fenêtre temporelle peut être étendue à moins de 9 heures après l'apparition de l'AVC, mais l'effet de la thrombolyse diminue avec le temps.

- La thrombolyse intraveineuse dans les 3 heures est la plus efficace.
- La thrombolyse entre 3 et 4,5 heures est la deuxième plus efficace.

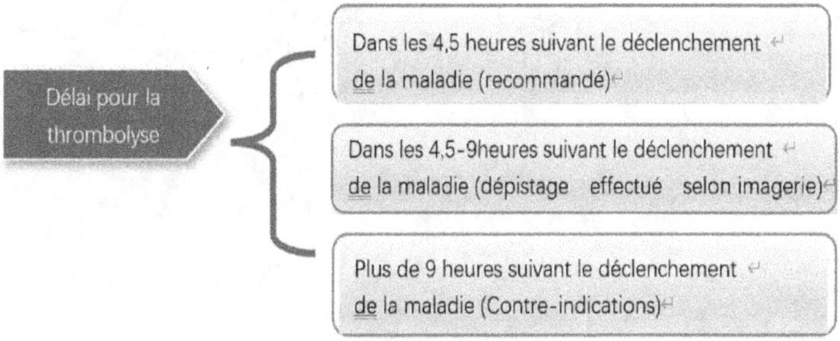

• Si l'AVC survenu dépasse 4,5 heures et dans les 9 heures, il convient de rechercher dans la zone ischémique, si présence de tissu ischémique mais pas encore nécrotique au moyen d'un scanner CT multimodal ou d'une imagerie par résonance magnétique. Si c'est le cas, il y a encore des cellules cérébrales récupérables et la thrombolyse doit être effectuée dès que possible pour rétablir la circulation sanguine. Si ce n'est pas le cas, même si le vaisseau sanguin est ouvert et que la circulation sanguine est rétablie, il n'y a plus de valeur thérapeutique.

• La fenêtre temporelle pour la thrombolyse, même si avec l'aide de l'imagerie, ne devrait pas dépasser 9 heures à partir du début si non le risque d'hémorragie est fortement accru.

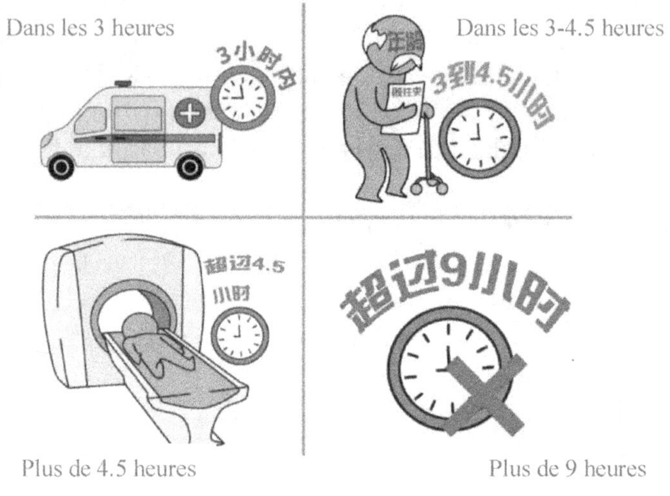

Fenêtre temporelle pour la thrombolyse intraveineuse

Petite question courante

Li, homme, 32 ans.
Q : Ma mère s'est rendue à l'hôpital 10 heures après la faiblesse soudaine du membre gauche, le diagnostic a posé pour elle un infarctus cérébral. Pourquoi le médecin n'a-t-il pas donné à ma mère un traitement thrombolytique ?
R : La thrombolyse doit être effectuée dans un certain délai en général dans les 4,5 heures suivant l'apparition de l'infarctus et jusqu'à 9 heures. En plus du délai, il existe d'autres restrictions physiques, telles que l'abscence d'une récente opération chirurgiecale majeure, ni d'hémorragie gastro-intestinale etc, afin d'exclure les contre-indications et de répondre aux indications de la thrombolyse. Donc la thrombolyse n'est disponible pour tous les patients victimes d'un AVC aigu.
Cependant, plus l'AVC est traité tôt, meilleur est le pronostic, c'est pourquoi consultation au médecin au plus rapide est est essentielle. Même si la thrombolyse n'est pas possible, d'autres options thérapeutiques peuvent être envisagées en fonction de la pathologie.

4. Quels sont les médicaments antithrombotiques les plus utilisés et pour qui sont-ils recommandés ?

R : Il existe deux types de médicaments antithrombotiques : les anticoagulants et les antiplaquettaires (Tableau 4.2). L'objectif des deux types est le même : de réduire la thrombose. Ils conviennent à différents groupes de patients parce qu'ils agissent sur différentes cibles dans le processus de coagulation du sang.

Tableau 4.2 Médicaments antithrombotiques	
Anticoagulants	
Objet de l'action	Agents de coagulation
Médicaments typiques	Par voie injectable : héparine, héparine sodique de bas poids moléculaire, héparine calcique de bas poids moléculaire, héparine calcique nadir, énoxaparine sodique. Par voie orale:warfarine,dabigatranate, rivaroxaban, argatroban, etc.
S'adpter à	Par voie Injectable : pour la prévention de la maladie thromboembolique, de la thrombose veineuse profonde au cours de la période chirurgicale périopératoire. Voie orale : pour la prévention de la maladie thromboembolique veineuse (en cas d'alitement prolongé), de la fibrillation auriculaire et d'autres AVC cardiogéniques.
Médicaments antiplaquettaires	
Objet de l'action	Plaquettes sanguines
Médicaments typiques	Par voir Injectable : Tirofiban Par voie oraler: aspirine, clopidogrel, cilostazol, tigretol, etc.
S'adpter à	Prévention des thromboses artérielles telles que les thromboses cérébrales

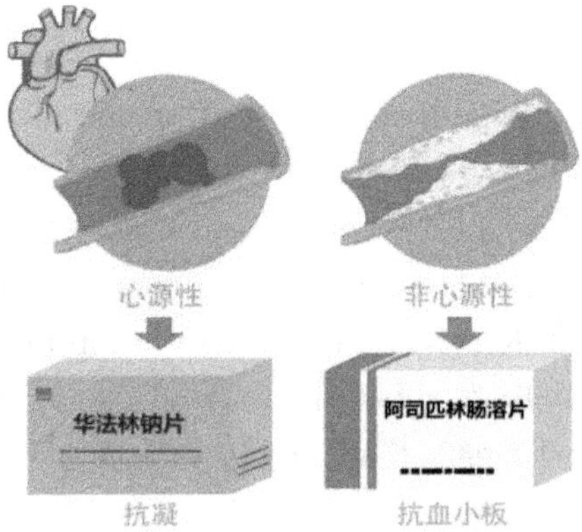

心源性： cardiogénique
非心源性：non-cardiogénique
抗凝 ：Anticogulaiton
抗血小板 Antiplaquettaire
华法林钠片：Comprimés de warfarine sodique

Petite question courante

Q : Ma mère, âgée de 68 ans, a subi un infarctus cérébral aigu le mois dernier. Elle s'est assez bien rétablie après l'intervention à l'hôpital. Cependant, le médecin lui a conseillé d'un anticoagulant appelé rivaroxaban, il a dit que l'infarctus cérébral de ma mère était probablement dû à une fibrillation auriculaire. Un parent de ma famille avait également eu un infarctus cérébral mais prenait habituellement de l'aspirine, ils avaient tous les deux un infarctus cérébral, pourquoi prennent-ils des médicaments différents ?

R : Votre mère a eu un AVC cardiogénique et les anticoagulants sont utilisés pour la prévention de la thrombose. Votre parent a dû avoir un infarctus cérébral causé par un thrombus intra-artériel et la thromboprophylaxie devrait être par des médicaments anti-plaquettaires. En effet, en cas de fibrillation auriculaire, la force de contractilité des oreillettes diminue et le sang stagne en sorte que des thrombus se forment. Une fois délogé, le thrombus pénètre dans la circulation sanguine cérébrale et peut facilement bloquer les vaisseaux entraînant un AVC.Les anticoagulants sont principalement utilisés en cas de des caillots sanguins stagnants, par exemple les thromboses veineuses, les AVC dus à des embolies cardiogéniques,etc..Alors que les médicaments antiplaquettaires sont principalement utilisés pour la thrombose artérielle où le sang circule plus rapidement, les plaquettes sont plus denses dans le sang artériel que veineux donc elles sont une substance importante impliquée dans la formation de la thrombose artérielle. par conséquent, les médicaments antiplaquettaires tels que l'aspirine sont utilisés pour la prévention de la thrombose artérielle.

5. Quels sont les effets secondaires des médicaments antithrombotiques plus utilisés ?

R : Tout d'abord, les effets secondaires sont possibles avec n'importe quel médicament. Les médicaments antithrombotiques peuvent également avoir des effets secondaires tels que des troubles gastro-intestinaux, des réactions allergiques, etc., comme les autres médicaments. (En case de prise de l'aspirine, à choisir des comprimés entériquesou ou capsules pour subir moinds d'effets secondaires gastro-intestinaux).

Deuxièmement, les médicaments antithrombotiques ont un effet secondaire spécifique : les saignements. Les saignements mineurs concernnent saignements des gencives, de nez, les taches de sang ou les pétéchies sur la peau. Les saignements graves comprennent les saignements gastro-intestinaux et intracrâniens. Les saignements gastro-intestinal peuvent se manifester parselles noires (selles sombres et brillantes); l'hémorragie intracrânienne se manifeste par des maux de tête, vomissements et perte de conscience,etc.

6. Plus d'un mois après l'infarctus cérébral, pourquoi a-t-il réapparu ? La thrombolyse peut-elle être effectuée à ce moment-là?

R : Cela arrive quelque fois en clinique qu'un petit nombre de patients dont l'infarctus n'est réapparu que plus d'un mois après l'AVC. La famille demande souvent au médecin pourquoi si vite ? Peut-on effectuer un traitement thrombolytique en cas de rechute de l'infarctus ?

D'abord réponse à la première question : pourquoi les infarctus réapparaissent-ils si vite ?

En clinique, la plupart des patients d'infarctus cérébral sont athérosclereux, ce qui signifie qu'ils présentent souvent de multiples facteurs de risque vasculaire tels que l'hypertension, l'hyperlipidémie, le diabète, le tabagisme et l'obésité etc. Si ces facteurs de risque ne sont pas contrôlés au long du temps, ils peuvent contribuer à la promotion de l'athérosclérose et à la formation de plaques. Lorsque des plaques apparaissent dans les vaisseaux sanguins cérébraux et si suffisamment grandes ou se rompent, elles peuvent entraîner un AVC. Si la plaque est suffisamment grande ou si elle se rompt, entraînant la formation d'un caillot sanguin, elle peut provoquer un accident vasculaire cérébral. Alors pourquoi réapparaissent-ils si vite ?

Tout d'abord, de nombreux patient d'un AVC n'ont pas été traités par thrombolyse intraveineuse dans la phase aiguë. Les recherchent cliniques ont montré que les patients victimes d'un premier infarctus qui n'ont pas subit de thrombolyse intraveineuse ont une probabilité plus élevée de récidive de l'AVC à court terme. Cela peut être à cause d'un nouveau décollement de la plaque conduisant au blocage des vaisseaux distaux par de petits emboles ou à cause n d'un thrombus nouvellemnt formé.

Deuxièmement, la survenue d'un infarctus cérébral est le résultat inévitable de l'accumulation depuis longtemps de nombreux facteurs de risque vasculaire. C'est comme élever des poissons dans un étang, et lorsqu'il y a des déchets dans l'eau, cela signifie que la qualité de l'eau (l'était du corps) s'est détériorée, ce qui entraîne des maladies chez les poissons (divers organes). La meilleure façon de traiter les maladies des poissons est de nettoyer les déchets dans l'eau, d'améliorer la qulité de l'eau. De même logique, le traitement de la phase aiguë n'est qu'une méthode la plus directe pour traiter les caillots sanguins, et ces facteurs de risque vasculaire sont difficiles à contrôler à court terme jusqu'à les ramener à la normale. Cela veut dire que la qualité de l'eau reste inchangée et que le poisson peut retomber malade un jour ou un autre.

C'est pour cette raison qu'il faut changer les mauvaises habitudes de la vie et faire de la prévention en permanence des facteurs de risque vasculaire. Il s'agit du processus de nettoyage des déchets sanguins visant à améliorer l'état du corps, ainsi les organes alimentés par le sang peuvent maintenir un était sain.

Deuxième question : peut-on effectuer une thrombolyse intraveineuse plus d'un mois après une récidive d'infarctus cérébral ?

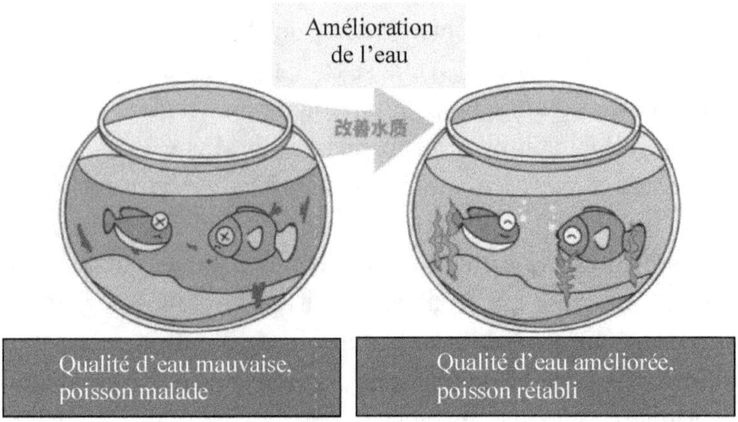

La réponse est Non. Selon les Lignes directrices pour le diagnostic et le traitement de l'AVC ischémique aigu en Chine (édition 2018) "J'ai 'une des contre-indications à la thrombolyse intraveineuse est un antécédent d'AVC au cours des 3 derniers mois. Ce qui veut dire que pour une récidive d'AVC dans les 3 mois suivant l'infarctus la thrombolyse intraveineuse n'est pas applicable. Si la récidive survient plus de trois mois après le dernier cas, et le risque d'hémorragie est relativement faible et que l'indication de thrombolyse intraveineuse est remplie, une thrombolyse est possible.

Section 2 Traitement chirurgical

I. Connaissance de base

1. Les traitements chirurgicaux courants pour ouvrir les vaisseaux sanguins après un accident vasculaire cérébral (AVC).

En cas de sténose sévère ou d'occlusion grave des vaisseaux cérébraux intracrâniens, une intervention endovasculaire est actuellement utilisée pour ouvrir le vaisseau. Toutefois, pour les maladies de la carotide (extracrânienne) (extracrâniennes), en plus du traitement endovasculaire, les procédures chirurgicales traditionnelles peuvent également être engagées.
(1) Les interventions endovasculaires généralement utilisées pour ouvrir les vaisseaux sanguins comprennent : thrombectomie intravasculaire, la thrombolyse intra-artérielle, la pose d'un extenseur artériel et l'angioplastie par dilatation de ballonet. Le choix de la procédure dépend de la cause de la sténose ou de l'occlusion : En cas d'occlusion thrombotique, on choisit la thrombectomie ; en cas de sténose de la plaque, on utilise le stenting et l'angioplastie par ballonet. Lors du traitement par intervention endovasculaire, plusieurs méthodologies sont généralement intégrées, l'une d'entre elles étant la plus importante.

(2) Sténose sévère ou l'occlusion de l'artère carotide sont principalement dues à la plaque, et en plus du traitement endovasculaire, une procédure chirurgicale traditionnelle--l'endartériec-

tomie carotidienne (également connue sous le nom d'endartériectomie carotidienne), peut être engagée pour exposer chirurgicalement le vaisseau et le couper directement pour retirer la plaque.

2. Embolisation thrombectomie intravasculaire

Il s'agit d'une intervention chirurgicale mini-invasive qui ne nécessite pas d'ouverture du crâne, mais réalisée par une petite ponction dans l'artère fémorale à la base de la cuisse (ou dans le bras), à travers laquelle un dispositif d'embolisation (stent, guide d'aspiration etc.) est inséré et introduit dans la circulation sanguine en remontant jusqu'au vaisseau sanguin malade dans le cerveau. Le stent est utilisé pour retirer le caillot, ou un guide d'aspiration pour extraire le caillot.

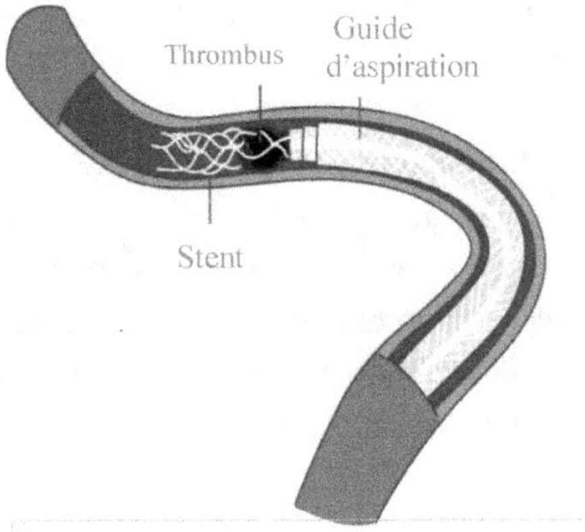

Thrombectomie intravasculaire
(stent + guide d'aspiration)

Le plus souvent, on utilise leux deux, la combinaison est plus rapide et plus efficacec ce qui permet d'éliminer le thrombus et de rétablir la circulaiton sanguine.

3. Thrombolyse intra-artérielle

Lors d'une intervention vasculaire, la thrombolyse intra-artérielle s'agit de transporter un médicament par voie intravasculaire par un guide jusqu'au site du thrombus et injecter directement dans le thrombus pour le dissoudre. Lorsque le thrombus est d'une taille plus large et solide et qu'il ne peut pas être facilement retiré ou aspiré, on a recours à la thrombolyse intra-artérielle. La thrombolyse intra-artérielle est donc souvent utilisée comme moyen auxiliaire en complément de la thrombose intravasculaire.

Parce qu'elle est administrée directement sur le site du thrombus, la thrombolyse artérielle est plus efficace que la thrombolyse intraveineuse (où le médicament pénètre dans l'ensemble du système sanguin). La quantité de médicament utilisée pour la thrombolyse artérielle est très faible (environ 1/3 de la quantité pour la thrombolyse intraveineuse), ce qui réduit considérablement les complications telles que les hémorragies cérébrales associées aux médicaments thrombolytiques.

4. La pose d'un stent dans l'artère carotide

La pose d'un stent dans l'artère carotide est actuellement reconnue comme un traitement très efficace pour la sténose carotidienne (dont la cause est la plaque, le piégeage, etc. et non les caillots sanguins nouvellement formés). La procédure est similaire à l'embolisation, mais au lieu de tirer le stent visant à sortir les caillont, on le pose directement dans le vaisseau sténosé pour l'ouvrir. Outre la sténose carotidienne, la sténose de l'artère crânienne interne est traitée par un stent intracrânien.

En outre, la dilatation par ballonnet (un ballonnet est envoyé le long du vaisseau jusqu'à la sténose et une pompe à pression est utilisée pour dilater le ballonnet afin d'ouvrir le vaisseau) est également couramment utilisé dans le traitement de la sténose artéielle, ou en complément aux autres traitements (par exemple, placementd 'un stent, embolisation intravasculaire, etc.).

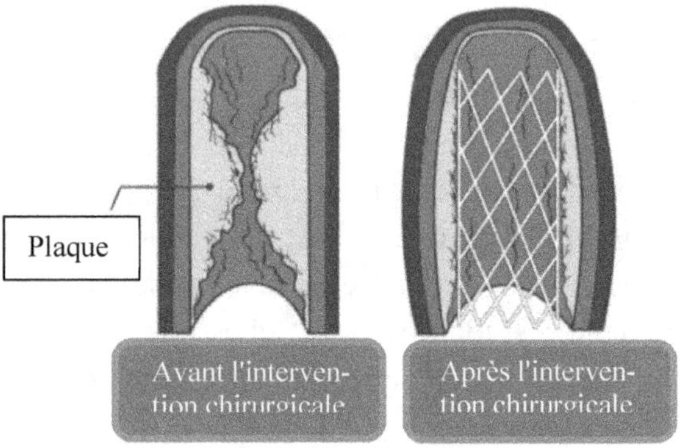

Nota : en préopératoire, le vaisseau est sténosé à cause de la plaque; en post-opératoire, pose d'un stent pour ouvrir la sténose.

Pose d'un stent dans l'artère

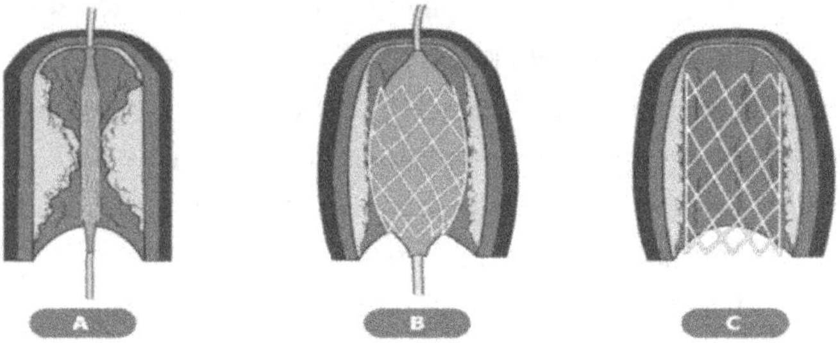

A. Introduction du ballonnet et du stent dans le vaisseau jusqu'à la sténose;
B. Le ballonnet est comprimé et dilaté pour ouvrir le stent et la sténose;
C. Le ballonnet est décomprimé et retiré du corps et le stent est laissé en place au niveau de la sténose pour maintenir la perforation de l'angioplastie.

Pose d'un stent artériel à l'aide d'une dilatation par ballonnet

5. Endartériectomie carotidienne

Lorsque l'artère carotide présente une sténose modérée ou sévère due à une plaque, outre la pose d'un stent carotidien, l'endartériectomie carotidienne est également une méthode de traitement. Il s'agit d'une intervention chirurgicale traditionnelle pendant laquelle une incision est pratiquée dans l'artère carotide pour exposer les vaisseaux de la carotid puis il est à ouvrir l'artère carotide malade et à retirer la plaque de la paroi artérielle, finalement le vaisseau est suturé.

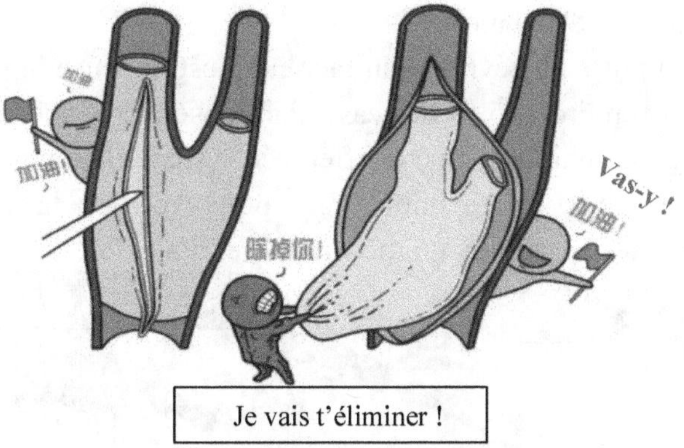

Endartériectomie carotidienne

Attention

À côté de l'artère carotide, il y également l'artère vertébrale, qui est un gros vaisseau sanguin situé dans le cou. L'artère carotide fait partie de l'amont de la circulation antérieure, qui alimente les parties antérieure et centrale du cerveau ; l'artère vertébrale est en amont de la circulation postérieure, qui alimente les parties postérieures du cerveau. Cependant, cette endartériectomie ne convient pas à plaque sur l'artère vertébrale. Ce type d'endartériectomie est actuellement traité principalement par des médicaments et/ou des interventions intravasculaires.

Voici deux autres maladies cérébrovasculaires souvent traitées chirurgicalement : les anévrismes des artères cérébrales et les malformations artérioveineuses cérébrales. Ces deux maladies provoquent souvent les syndromes d'AVC.

6. Anévrisme cérébral

Un anévrisme cérébral est un gonflement localisé de la paroi d'un vaisseau sanguin, qui peut être causé par des facteurs génétiques, l'athérosclérose ou un accident, etc. Cela peut arriver chez des personnes de tous âges, avec une majorité de jeunes et de personnes d'âge moyen. Elle peut être observée chez des personnes de tous âges, avec une prédominance chez les jeunes et les personnes d'âge moyen.

La rupture d'anévrisme intracrânien est la cause la plus fréquente d'(environ 85 % des cas). Par conséquent, une intervention angiographique doit être effectuée systématiquement en cas d'hémorragie sous-arachnoïdienne pour vérifier la présence d'anévrismes cérébraux qui pourrait être fatale.

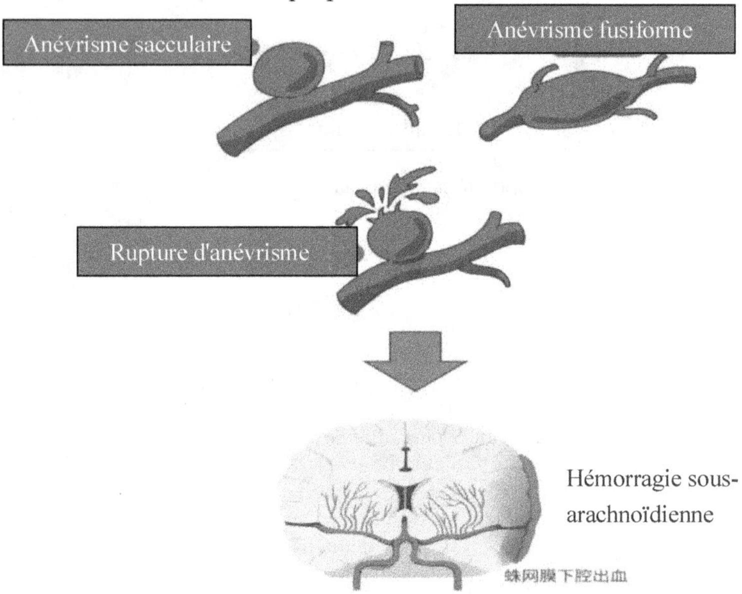

7. Malformation artérioveineuse cérébrale

La malformation artérioveineuse cérébrale est une anomalie génétique qui se développe le plus souvent à l'âge adulte. Elle peut se produire non seulement dans dans le cerveau, mais aussi dans d'autres parties du corps.

Normalement Il y un réseau vasculaire capillaire entre les artères et les veines, en abscence de ce réseau, les artères et les veines sont directement connectées l'une à l'autre ce qui conduit à un court-circuit, il en résulte une grande quantité de sang artériel pénétré dans les veines, qui s'élargissent et s'épaissent formant une masse malformée de vaisseaux sanguins connue sous le nom d'une malformation artérioveineuse.

Le sang artériel s'écoule dans les veines et la pression intravasculaire y devient très élevée, ce qui tend à provoquer des hémorragies récurrentes, c'est une cause fréquente d'AVC chez les jeunes. Dans les cas graves, elle peut entraîner un handicap, voire la mort. Si la masse vasculaire malformée ne se rompt pas, des symptômes tels que maux de tête, vertiges et crises d'épilepsie peuvent survenir en raison d'une circulation sanguine anormale. Si ces symptômes surviennent chez les jeunes. Ils doivent se rendre à l'hôpital pour y recevoir une imagerie cérébrovasculaire.

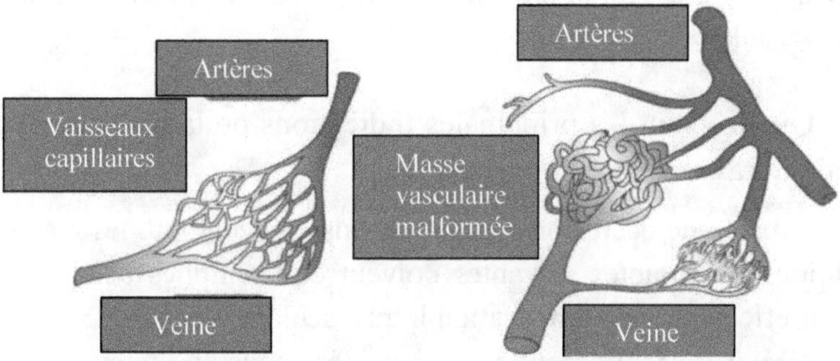

Vaisseaux normaux   Malformations artérioveineuses cérébrale

Vaisseaux sanguins normaux et malformations artérioveineuses cérébrales

II. Questions et Réponses

1. Quand faut-il une intervention chirurgicale pour ouvrir un vaisseau sanguin après un AVC ?

R : La stenose sévère ou l'occlusion d'un vaisseau cérébral est la cause la plus fréquente de maladie cérébrovasculaire ischémique. L'objectif du traitement est donc d'ouvrir les vaisseaux pour rétablir la circulation sanguine dès que possible. Le traitement médicamenteux n'est qu'une méthode de traitement dans la phase aiguë, mais dans certains cas, les médicaments sont très inefficaces ou voire inutiles, une intervention chirurgicale est nécessaire.

Alors, quand la chirurgie est-elle nécessaire ? Pour les vaisseaux relativement gros ou de taille moyenne, les thrombus sont souvent trop gros pour que les médicaments thrombolytiques administrés par voie intraveineuse puissent les dissoudre. Dans ce cas, il est nécessaire de procéder à une ouverture chirurgicale. Les vaisseaux cérébraux de gros diamètre moyen sont situés dans les parties centrale et amont du système vasculaire, du niveau extracrânien au niveau intracrânien, plus le vaisseau est en aval, plus il est fin et moins il est adapté à l'instrumentation intravasculaire.

2. Quelles sont les principales indications de la thrombectomie intravasculaire ?

R : Après une occlusion aiguë d'un vaisseau cérébral, les 2 conditions importantes suivantes doivent être remplies pour pouvoir effectuer une embolisation intravasculaire :

(1) Délai de traitement : le délai idéal pour une intervention intravasculaire se situe dans les 6 heures suivant l'apparition de la maladie, s'il est associé à un dépistage par imagerie, le délai peut être étendu à 24 heures.

(2) Occlusion vasculaire dans des vaisseaux cérébraux de gros ou moyen diamètre : car le thrombus est volumineux et difficile d'être éliminé par des médicaments, convenant à la manipulation mécanique intravasculaire des emboles, ce traitement n'est pas recommandé pour les vaisseaux cérébraux plus fins par les lignes directrices associées.Certains vaisseaux cérébraux plus fins peuvent être aussi bien traités si le chirurgien est suffisament compétent.

Il est évident que la fenêtre temporelle la plus longue pour ouvrir un vaisseau après une occlusion cérébrovasculaire aiguë ne doit pas dépasser 24 heures après l'apparition de la maladie.

Cependant, il est important de noter que pour les occlusions macrovasculaires extracrâniennes et intracrâniennes non aiguës au-delà de 24 heures (la zone ischémique est généralement compensée par d'autres vaisseaux environnants à des degrés divers), des études récentes ont montré qu'un petit nombre de patients peuvent avoir également un bon résultat par la thérapie intravasculaire grâce aux dépistages et évaluation rigoureuse.

3. Après un AVC, certains patients sont traités par thrombolyse intraveineuse et d'autres par thrombolyse artérielle, quelle est la différence entre les deux méthodes ?

R : Bien qu'il s'agisse de deux traitements visant à dissoudre les caillots sanguins, il existe des différences entre eux.

Tout d'abord, la voie d'administration est différente. Pour la thrombolyse intraveineuse, le médicament pénètre dans la circulation sanguine par perfusion intraveineuse et le médicament suit le flux sanguin jusqu'au thrombus ; la thrombolyse artérielle est réalisée par intervention intravasculaire (par une petite ponction dans un vaisseau sanguin de la jambe, par laquelle un guide ou un autre dispositif est introduit dans le vaisseau sanguin et acheminé dans l'artère jusqu'à la lésion de l'artère cérébrale). Le médicament est injecté directement dans le thrombus par le guide. Ainsi, la thrombolyse intraveineuse est un traitement interne non invasif , traité dans le département neurologie.La thrombolyse intraveineuse est donc un traitement interne non invasif en neurologie, tandis que la thrombolyse artérielle est un traitement chirurgical peu invasif, utilisé lorsque le thrombus est situé dans un vaisseau de gros ou moyen diamètre dans le cerveau.Elle est souvent utilisée en complément de la thrombose intravasculaire et est traitée dans le département neuro-interventionnel.

Deuxièmement, la quantité de médicaments utilisée est différente. La thrombolyse artérielle, car elle est administrée directement au thrombus, est faiblement dosée, environ 1/3 de la dose utilisée pour la thrombolyse intraveineuse , et présente donc un risque de saignement plus faible.

4. Quelles sont les indications et le moment pour la pose d'un stent carotidien ?

R : Les indications sont les suivantes : ① en cas de sténose carotidienne sévère (sténose >70%) survenue récemment ou dans les 6 mois et si le patient est évalué d'avoir un état de santé permettant l'interventionn d'un stent. ② Si la sténose carotidienne est modérée (50%-70%) et qu'il existe des symptômes significatifs d'ischémie cérébrale récemment ou dans les 6 mois qui suivent et que le patient est évalué présentant un risque élevé de récidive d'AVC, la pose d'un stent dans l'artère carotide est recommandée. En l'absence de symptômes évidents, le traitement chirurgical n'est pas recommandé. Les médicaments (antiplaquettaires, statines) sont conseillés ave le contrôle des facteurs de risque vasculaire pour prévention des AVC.

Moment de l'intervention : pour les crises ischémiques du cerveau dus à une sténose carotidienne, il est généralement recommandé de poser un stent deux semaines après la crise d'ischémie le plus récent.

Remarque

En tant que corps étranger, une fois le stent est posé dans le vaisseau sanguin, des médicaments antiplaquettaires doivent être administers (Deux médicaments antiplaquettaires combinés pendant 3 à 6 mois avant de passer à un seul médicament par exemple l'aspirine). L'objectif est de prévenir la thrombose associée au stent.

5. Pour une sténose sévère ou une occlusion de l'artère carotide, quelle méthode à adopter ? La pose d'un stent ou une endartériectomie carotidienne ?

R : En cas de sténose carotidienne accompagnée des symptômes d'une ischémie cérébrale (due à une plaque d'athérome). Il y a trois principales stratégies de traitement : le traitement médicamenteux, la pose d'un stent carotidien et l'endartériectomie carotidienne.

Le traitement médicamenteux est généralement appliqué en cas de sténose carotidienne asymptomatique ou en cas de sténose symptomatique mais moins grave. Lorsque l'artère carotide est gravement sténosée ou occluse, un traitement chirurgical est généralement recommandé, la pose d'un stent dans l'artère carotide est une intervention mini-invasive qui n'entraîne qu'un faible traumatisme ; l'endartériectomie carotidienne est une intervention chirurgicale traditionnelle très invasive. De nombreuses études menées dans les pays étrangers et en Chine ont confirmé que les deux procédures étaient égalment sures et efficaces. Par conséquent, il est possible de choisir celle qui convient le mieux en fonction de l'état physique du patient.

- Certains patients sont adaptés à la pose d'un stent, par exemple, ceux qui présentent des lésions en positions très hautes, ou une insuffisance cardiaque importante ou une incapacité à tolérer l'anesthésie générale, etc.
- Certains patients sont adpatés à une endartériectomie carotidienne : par exemple, bloc auriculo-ventriculaire sévère, plaque d'artère cervicale avec calcification sévère, patients allergiques aux produits de contraste (pour la pose du stent, le produit de contraste est nécessaire pour l'imagerie). ou à cause de saignements gastro-intestinaux ou d'ulcères graves, les patients ne peuvent pas tolérer à prendre deux antiplaquettaire suite à l'interventer de la poste du stent.

6. Quels sont les effets secondaires fréquents de l'ouverture chirurgicale des vaisseaux sanguins ?

R : Après une occlusion vasculaire cérébrale, que ce soit par intervention intravasculaire ou par endartériectomie carotidienne, l'ouverture chirurgicale du vaisseau est souvent associée

à des effets secondaires pendant ou après l'intervention chirurgicale.
(1) Complications vasculaires locales : pendant l'opération, il pourrait survenir des complications comme vasospasme, perforation du vaisseau, déchirure de la paroi du vaisseau entraînant un piégeage, thrombose dans le stent et thrombose à l'intérieur de l'ombrelle (utilisée pour enrober les petits emboles de plaque ou le thrombus délogé au cours de l'intervention) , ces circonstances peuvent entraîner une ischémie cérébrale. Certaines personnes peuvent également souffrir d'une resténose dans le stent ou même d'une fracture du stent après un certain temps.
(2) Syndrome d'hyperperfusion : après un traitement intravasculaire, dû au relevé du rétrécissement ou à l'occlusion des vaisseaux sanguins, l'augmentation soudaine du flux sanguin est comme une suralimentation soudaine après une famine, et divers symptômes de désadaptation peuvent survenir, tels que des maux de tête et une hémorragie cérébrale.
(3) Complications systémiques : comme hypotension artérielle, bradycardie, pause cardiaque, etc. généralement dues à la manipulation des vaisseaux carotidiens lors de l'intervention dans le cou, entraînant une réponse de stimulation du sinus carotidien, (un réflexe neuronal qui régule la réponse cardiaque et vasculaire, provoquant uneffets négatifs).
(4) Autres : comme hématome de la plaie, complications liées aux agents de contraste, lésion du nerf carotidien lors de l'intervention chirurgicale d'endartériectomie carotidienne.

Quel que soit le type de traitement utilisé, le chirurgien prendra des précautions nécessaires pour prévenir les complications avant et pendant l'intervention.

副作用	Effects secondaires
脑出血	Hémorragie cérébrale
高灌注综合征	Syndrome d'hyperperfusion
低血压	Hypotension
伤口血肿	Hématome de la cicatrise

7. Un anévrisme cérébral est-il une tumeur ?

R : Ils sont complètement différents. Une tumeur est formèle par la croissance des cellules anormales alors que l'anévrisme est une dilatation localisée sur la paroi artérielle vers l'extérieur. Il se ressemble à une tumeur en apparence.

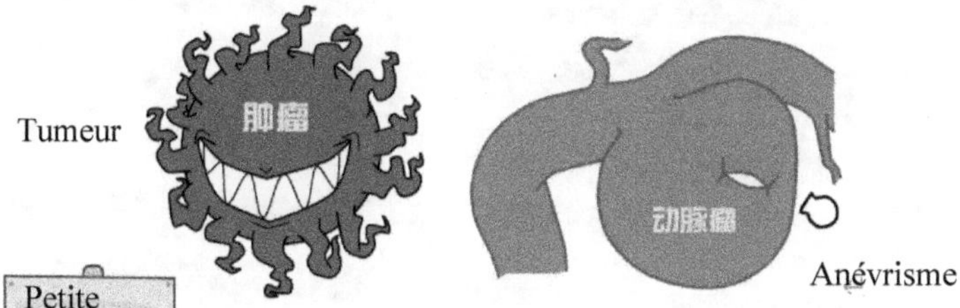

Petite question courante

Li, femme, 40 ans.
Q : Mon père agé de 68 ans souffre d'un infarctus du myocarde. Le médecin a dit qu'il s'agissait d'un petit anévrisme. Faut-il prendre de l'aspirine ?
R : Bien que les anévrismes risquent de rupture et d'hémorragie, mais pas de preuve que l'aspirine augmente le risque de saignement des petits anévrismes. Les patients prennent de l'aspirine pour prévenir la thrombose et les AVC récurrents. En plus c'est toujours en petite dose, donc risque faible d'hémorragie cérébrale. C'est pourquoi il est personnellement recommandé de continuer à prendre de l'aspirine à petites doses pour une longue durée.

8. Quelles sont les options chirurgicales pour traiter les anévrismes cérébraux et comment les choisir ?

R : 2 méhtodes de traitement traditionnel : le clampage chirurgical et l'embolisation de l'anévrisme. Le clampage est une chirurgie ouverte ; l'embolisation est une intervention intravasculaire qui utilise une bobine chargée par un ressort pour occlure l'anévrisme. Une nouvelle technique apparue ces dernières années s'agit de 'utilisation de dispositifs à flux dirigé, qui est également un traitement intravasculaire mais le principe est différent de celui de l'embolisation des anévrismes. Il s'agit de la reconstruction d'un vaisseau sanguin dans l'ouverture de l'anévrisme pour empêcher le sang de s'écouler dans l'anévrisme. Ce traitement par dispositif à flux dirigé présente plus d'avantages dans la prévention de la récurrence des anévrismes par rapport aux deux premiers traitements conventionnels. Le tableau 4.3 donne un aperçu sur les avantages de ce traitement.

Tableau 4.3 Les différences entre les 3 méthodes chirurgicales pour les anévrismes cérébraux

Méthode	Principe	S'adapter à	invasion	Prix
Embolisation de l'anévrisme.	Obturation de l'anévrisme à l'aide d'une bobine de ressort, anévrisme complexe nécessit l'obturation d'une bobine de ressort à l'aide d'une endo-prothèse	âge avancé, anévrisme sacculaire intra-crânien non rompu, ou hémorragie rom-pue mais de faible volume, anévrisme géant, anévrisme carotidien large, etc.	Les interventions intravasculaires	Assez élevé
Embolisation de l'anévrisme.	Obturation de l'anévrisme à l'aide d'une bobine de ressort, anévrisme complexe nécessit l'obturation d'une bobine de ressort à l'aide d'une en-doprothèse	âge avancé, anévrisme sacculaire intra-crânien non rompu, ou hémorragie rom-pue mais de faible volume, anévrisme géant, anévrisme carotidien large, etc.	Les interventions intravasculaires	Assez élevé
Embolisation de l'anévrisme.	Obturation de l'anévrisme à l'aide d'une bobine de ressort, anévrisme complexe nécessit l'obturation d'une bobine de ressort à l'aide d'une en-doprothèse	âge avancé, anévrisme sacculaire intra-crânien non rompu, ou hémorragie rom-pue mais de faible volume, anévrisme géant, anévrisme carotidien large, etc.	Les interventions intravasculaires	Assez élevé

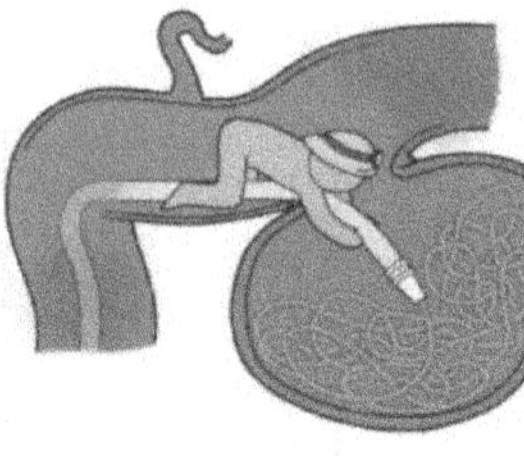

Embolisation d'anévrisme

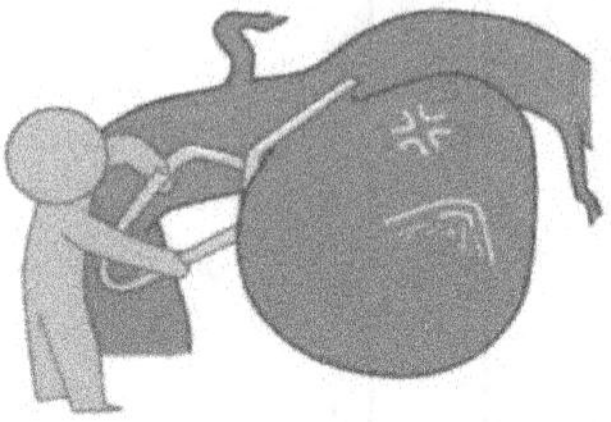

Clampage chirurgical

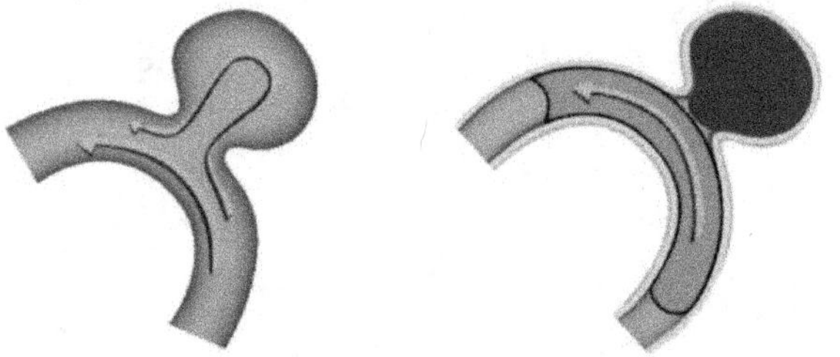

A. Direction du flux sanguin au niveau de l'anévrisme

B. Reconstruction du flux sanguin après application d'un dispositif de guidage

Thérapie par dispositif guidage à flux sanguin

9. Comment traiter les malformations artérioveineuses du cerveau ?

R : Si la malformation artérioveineuse cérébrale ne s'est pas rompue, on peut la laisser sans traitement pour le moment, mais il faut l'examiner régulièrement. En cas de rupture, il y trois méthodes de traitement.

(1) Méthode d'embolisation interventionnelle : grâce à des techniques d'intervention intravasculaire, un matériau embolique (un colloïde) est acheminé le long du vaisseau jusqu'au site de la masse vasculaire malformée.

(2) Craniotomie : la masse vasculaire déformée est retirée directement après la craniotomie.

(3) Radiothérapie Gamma Knife : la radiothérapie Gamma est utilisée pour détruire la masse vasculaire malformée. Elle est surtout utilisée chez les patients pour qui la masse est plus petite plus profonde et plus difficiles à traiter avec les deux premières procédures. Ce traitement est lent et prend généralement 2 à 4 ans pour avoir l'effet.

Section 3 Prévention de l'AVC secondaire

La stratégies de prévention des récidives d'AVC chez les patients déjà victimes d'un AVC est appelé prévention secondaire de l'AVC, qui comporte à la fois des interventions liées au mode de vie et des interventions médicamenteuses. Les interventions sur le mode de vie comprennent le renoncement au tabac, la restriction de la consommation d'alcool, l'exercice physique approprié, l'alimentation saine, l'optimisme et le calme intérieur, ainsi que le rythme de vie régulier. Les interventions médicamenteuses ciblent les facteurs de risque vasculaire tels que l'hypertension, l'hyperlipidémie et l'hypertension.

I. Connaissance de base

La prévention secondaire des AVC se compose de la prévention des AVC ischémiques et hémorragiques, généralement axée sur les ischémiques. Voici les points clé de la prévention secondaire de ces deux types d'AVC.

1. Prévention secondaire de l'AVC ischémique

(1) Un mode de vie sain, y compris alimentation saine, exercise physique et un contrôle du poids sont tous important pour prévenir la récidive de l'AVC.
(2) Il est important dans la prévention secondaire de contrôler les facteurs de risque vasculaire tels que l'hypertension, l'hyperlipidémie, le diabète.
(3) Un traitement antithrombotique classique est conseillé (antiplaquettaire ou anticoagulant) . L'aspirine est le médicament antiplaquettaire le plus utilisé, principalement en cas d'AVC athérosclérotique pour prévenir la thrombose. Les autres médicaments antiplaquettaires couramment utilisés sont le clopidogrel, le clopidogrel, le clopidogrel et le clotrimazole.

D'autres agents antiplaquettaires couramment utilisés sont le clopidogrel et le cilostazol. L'anticoagulation est principalement pour les AVC cardiogéniques.

(4) En plus, il faut suivre le conseil du médecin pour effecturer les examens médicaux réguliers afin de connaître son état de santé et de pouvoir ainsi assurer la prévention des AVC.

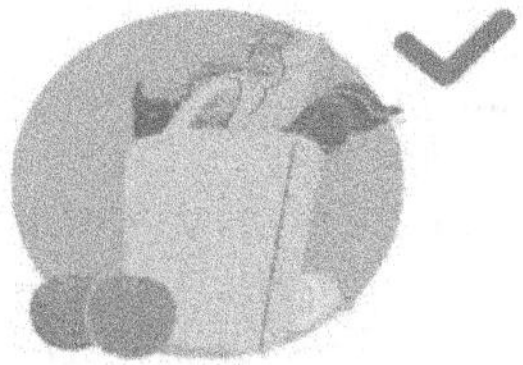
Alimentation plus riche en légumes et en fruits

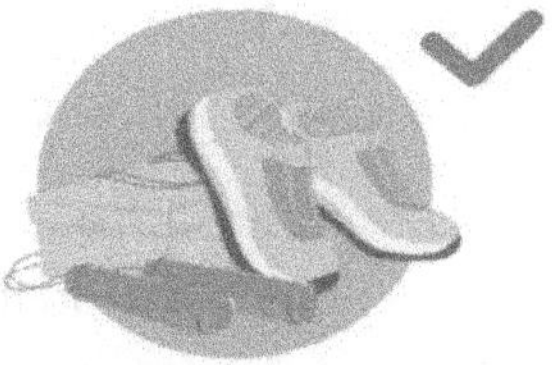
Exercice physique plus fréquent

Contrôles médicaux réguliers

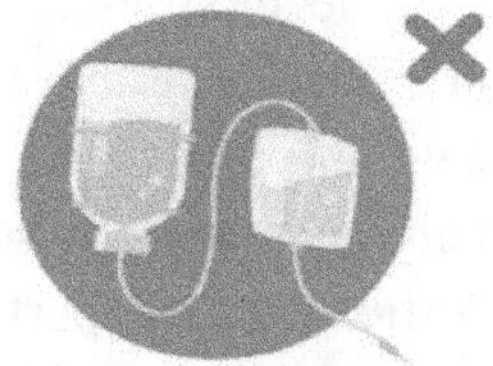
Perfusions régulières

2. Prévention secondaire des AVC hémorragiques

La prévention secondaire des AVC hémorragiques fait généralement référence aux saignements dans le parenchyme cérébral (appelés hémorragies cérébrales), qui est plus fréquente chez les hommes d'âge moyen et plus âgés ayant des antécédents de tabagisme et d'hypertension. La prévention des récidives, d'une part, il nécessite modifications du mode de vie telles que l'arrêt du tabac et de l'alcool, et l'évitement des changements d'humeur importants. D'autre part, il est important de contrôler les facteurs de risque vasculaire, comme tension artérielle doit être contrôlé à inférieure à 140/90 mmHg.

Pour les hémorragies cérébrales secondaires dues à d'autres causes (troubles de la coagulation, anévrismes cérébraux et malformations artérioveineuses, utilisation de médicaments antithrombotiques), la prévention des récidives passe principalement par la prise en charge de la maladie primaire. L'hémorragie sous-arachnoïdienne est le plus souvent causée par rupture d'anévrisme et est généralement traitée chirurgicalement.

II. Questions et réponse

1. Les perfusions régulières peuvent-elles prévenir les AVC ?

R : On ne sait pas depuis quand il est devenu une mode d'avoir des perfusions régulières pour prévenir les AVC. On constate que les personnes âgées viennent souvent au clinique demanant des perfusions régulières telles que la salvia composée, le venin de serpent, le dextran à faible poids moléculaire, la chuanxiongzine, etc. Cette substance est censée débloquer les vaisseaux sanguins et prévenir les accidents vasculaires cérébraux. Cependant, aucune étude solide ne confirme l'efficacité des perfusions régulières de ces médicaments. Cette pratique n'a pas de base solide scientifiquement, donc ne devrait pas être encouragée. La prévention et le traitement des accidents vasculaires cérébraux doivent être complets, en commençant par les éléments suivants.

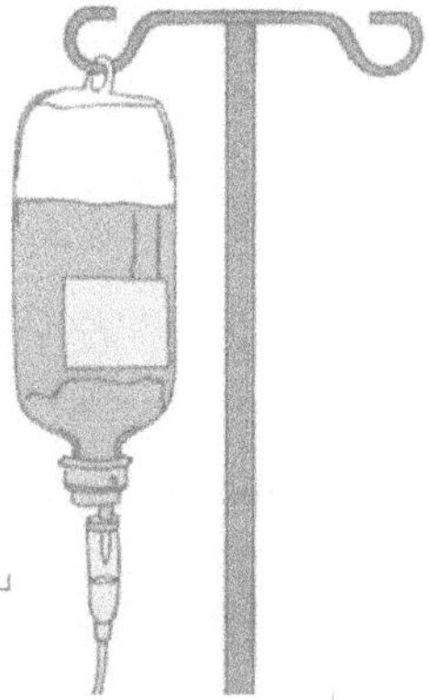
Perfusion veineuse

La prévention et le traitement de l'AVC devraient être synthétique, il faut commencer par des changements dans les habitudes de vie, comme l'arrêt du tabac et de l'alcool, la réduction du poids chez les personnes en surpoids, l'augmentation de l'activité physique, l'évitement d'un régime alimentaire riche en sel et en graisses, etc. En même temps, il faut bien contrôler l'hypertension artérielle, l'hyperlipidémie, le diabète, la fibrillation auriculaire et d'autres facteurs de risque pour les vaisseaux sanguins. Il faut aussi prendre les médicaments antithrombotiques en longue durée, ces mesures préventives ont été prouvées par la recherche scientifique.

2. Les médicaments thrombolytiques sont efficaces, pourquoi lorsqu'il s'agit d'une prévention à long terme de la thrombose les médecins prescrivent-ils des médicaments antiplaquettaires tels que l'aspirine plutôt que des médicaments thrombolytiques ?

R : Tout d'abord, les médicaments thrombolytiques sont injectés par voie intraveineuse et non par voie orale. De plus, les médicaments thrombolytiques ne sont efficaces que contre les caillots nouvellement formés, car les caillots nouvellement formés sont composés de plaquettes, de globules rouges, de globules blancs et d'autres composants sanguins du réseau de fibrine. L'action des médicaments thrombolytiques s'exerce sur la fibrine qui, lorsqu'elle est dissoute, le caillot sanguin est désintégré, car les cordons qui lient les composants sanguins sont rompus. Deuxièmement, lorsqu'il n'y a pas de caillot sanguin dans l'organisme, le médicament thrombolytique n'a pas de cible. Ils peuvent interférer le mécanisme de coagulation et présenter un risque hémorragique grave. Là encore, les médicaments antiplaquettaires tels que l'aspirine peuvent empêcher les plaquettes de former un caillot. Par conséquent, l'utilisation de médicaments antithrombotiques, plutôt que de médicaments thrombolytiques, est donc la prévention habituelle de la thrombose.

Petite question courante

Yu, femme, 80 ans.

Q : Je ne souffre d'aucune gêne et un scanner de la tête a révélé un Infarctus lacunaire. Dois-je prendre de l'aspirine pendant long-temps ?

R : Un infarctus lacunaire détecté au scanner CT est un infarctus cérébral asymptomatique, également appelé infarctus de repos. S'il faut prendre de l'aspirine dans ce groupe est encotre controversée. Il n'y a pas suffisamment de preuves pour confirmer que la prise d'aspirine est nécessairement bénéfique. Par conséquent, s'il n'y a ps autres pathologies nécessitant de l'aspirine, seul l'infarctus cérébral asymptomatique détecté par le scanner n'est pas la raison pour laquelle on prend l'aspirine.

Section 4 Modes de vie sains et soins quotidiens

Bien que L'AVC soit une maladie aiguë, mais la " conception " de l'AVC est un processus qui s'accumule pendant de nombreuses années. Les diverses mauvaises habitudes de vie quand vous êtes jeunes, telles que tabagisme, consommation d'alcool, alimentation riche en sel et en graisses, nuits blanches, non-activité physique, obésité, stress mental chronique, ceux-ci sont à l'origine de l'hypertension artérielle, de l'hyperglycémie, de l'hyperlipidémie, etc. Ces "déchets sanguins" provoquent des lésions des vaisseaux et l'athérosclérose, ce qui peut entraîner le vieillissement précoce des jeunes vaisseaux sanguins. En conséquence, la tendance de rajeunissement d'âge d'apparition des AVC est de plus en plus visible. Selon le rapport 2019 sur la prévention et le contrôle des accidents vasculaires cérébraux en Chine, les personnes d'âge moyen âgées de 40 à 64 ans représentent plus de 66,6% des victimes de premier AVC en Chine. Les jeunes ne doivent négliger cette maladie, les modes de vie malsains sont à l'origine de l'apparition chez les jeunes de maladies qui étaient autrefois courantes chez les personnes âgées.

La prévention à long terme des accidents vasculaires cérébraux avant qu'ils ne surviennent est cruciale. C'est pourquoi des modes de vie sains devraient être adoptés à tout âge, non seulement pour prévenir les accidents vasculaires cérébraux, mais aussi pour tenir à distance de nombreuses autres maladies. Voici quelques-uns des conseils les plus couramment utilisés pour un mode de vie sain.

1. Alimentation saine et prévention des AVC

Une alimentation légère manque du goût, mais plus proche de la nature donc c'est la meilleure pour la santé. Une alimentation saine est une mesure préventive de base contre les maladies cardiovasculaires. Voici quelques suggestions d'experts pour un régime alimentaire sain.

(1) Les recommandations diététiques pour les résidents chinois (2016) préconisent un maximum de 6 grammes de sel par jour pour chaque adulte ! Les patients souffrant d'hypertension devraient limiter leur consommation de sel à 3 grammes par jour.

(2) Prenez le moins possible d'aliments transformés riches en sel, y compris les produits suivants dans l'apport quotidien total en sel, comme la sauce soja, la courge, tofu fermenté, etc.

(3) Utilisez le gingembre, l'ail, les oignons chinois, la coriandre, le citron et les jus de fruits pour rehausser le goût des aliments plutôt que d'utiliser du sel.

(4) Utilisez le vinaigre de dose appropriée, l'acidité fera ressortir le goût salé ; mettez le sel lorsque le plat est presque prêt, pour que le goût salé ressorte tout en restant en petite quantité de sel.

(5) Prenez des légumes et des fruits frais tous les jours et essayez d'en combiner plusieurs sortes.

(6) Utilisez des méthodes de cuisson qui préservent le goût original des aliments, telles que la cuisson à la vapeur, à la cocotte-minute et au four.

(7) Consommez moins d'aliments gras et huileux, tels que les abats, la viande grasse, les œufs de crabe et les gâteaux crémeux.

(8) S'abstenir de boire de l'alcool ou limiter la quantité, pas plus de 25 grammes par jour pour les hommes et 15 grammes pour les femmes. 25 grammes d'alcool équivalent à 750 millilitres de bière, 250 millilitres de vin et 250 millilitres de l'eau de vie ; 15 g d'alcool équivalent à 450 ml de bière et 150 ml de vin,30 ml de l'eau de vie.

(9) Ne buvez pas de boissons sucrées. L'eau fraîchement bouillie est l'eau potable qui répond mieux aux besoins du corps humain.

(10) Vous ne devenez pas gros en un jour, une ou deux bouchées en moins par jour contribuera à contrôler le poids. Ne mangez pas "excessivement" sous excuses de "ne pas gaspiller les aliments".

Petite question courante

Zhang, homme, 60 ans.

Q : J'ai entendu dire une consommation adéquate d'alcool peut prévenir les maladies cérébrovasculaires, mais je n'ai jamais bu, dois-je maintenant boire de petites quantités d'alcool tous les jours ?

R : Pour les anciens alcooliques, on peut boire une petite quantité d'alcool chaque jour, pas plus de 50 ml par jour pour homme, 30 ml pour femme. Pour ceux qui ne buvaient pas, il s's'agit d'une bonne habitude de vie. Il n'est pas nécessaire de boire de l'alcool pour prévenir les maladies cérébrovasculaires.

2. L'exercice physique et la prévention des AVC

Par rapport aux personnes qui manquentdu sport, l'exercise physique réduit l'incidence des AVC d'environ 1 sur 4. Cela permet également de contrôler les facteurs de risque vasculaire tels que l'hypertension, l'hyperlipidémie, le diabète et l'obésité. Par conséquent, l'activité physique est un moyen très pratique, efficace et peu coûteux de prévenir les AVC.De nombreuses personnes âgées se demandent quelle quantité d'exercice est appropriée.

(1) Fréquence et durée : Pour les adultes (à l'exception de certaines personnes âgées ou malades) , l'exercise hysique doit être pratiquée au moins 3 à 4 jours par semaine,au moins 30 minutes par jour. La durée peut être modifiée en fonction de l'état de santé.

(2) Modes d'exercise : Cela peut être déterminé par les préférences et la tolérance personnelles, l'exercise ne doit pas être trop intense, mais plutôt aérobique comme marche en plein air, marche rapide, joggin, vélo de course, natation etc.

(3) Le meilleur moment pour les personnes âgées : vers 10h du matin, ou vers 16h-18h dans l'après-midi, si c'est avant un repas, reposez-vous pendant 30 minutes avant de manger ; si c'est après un repas, reposez-vous pendant 1,5 à 2 heures après le repas avant de faire de l'exercice.

Pour les personnes fragiles, ou de certain âge ou personnes âgées souffrant d'une maladie cardiovasculaire, consultez voter médecin pour déterminer l'intensité d'exercice qui vous convient.

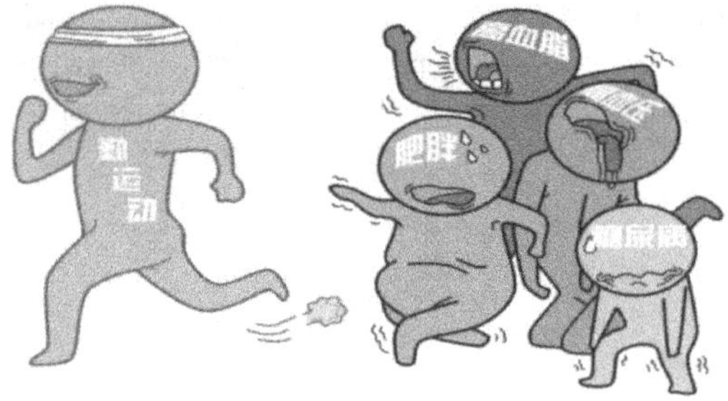

勤运动	Faire régulièrement de l'exercice
肥胖	Obésité
高血脂	Hyperlipidémie
高血压	Hypertension
糖尿病	Diabète

3. Soins quotidiens : la prévention pour les personnes âgées pendant les saisons d'automne et d'hiver est absolement nécessaire

L'automne et l'hiver sont les saisons les plus touchées par les maladies cardiovasculaires et cérébrovasculaires. Lorsque la température baisse, en particulier en dessous de 17°C, le corps ressent un gène et les vaisseaux sanguins se contractent sous l'effet de l'expansion de la chaleur et de la contraction du froid. Les personnes âgées ont des vaisseaux sanguins moins élastiques, en particulier celles qui souffrent d'hypertension, d'hyperlipidémie, de diabète, des troubles cardiovasculaires et les personnes qui présentent déjà des degrés divers d'athérosclérose dans leurs vaisseaux sanguins, sur cette base, le rétrécissement des vaisseaux sanguins peut facilement conduire à des maladies cardiovasculaires et cérébrovasculaires, avec pour conséquence des AVC, des maladies coronariennes et des infarctus du myocarde. C'est pourquoi il est conseillé aux personnes d'âge moyen et aux personnes âgées, en particulier à celles qui souffrent des "d'hypertension, d'hyperlipidémie, de diabète ", devraient se tenir au chaud et de profiter davantage du soleil.

4. Soins quotidiens : le meilleur moment pour la vie de tous les jours

Le meilleur moment est celui où il est le plus approprié de faire ce qu'il y a de mieux pour la santé. Il y a un meilleur moment pour faire certaines choses dans la vie de tous les jours. Voici quelques exemples.

(1) Le meilleur moment pour le fruit : une heure avant le repas. Les fruits sont des aliments crus, d'abord crus puis est pour protection du système immunitaire ; en même temps, manger des fruits avant les repas peut faboriser l'absorption de diverses vitamines et minéraux.

(2) Le meilleur moment pour le lait : le lait est riche en calcium et peut être consommé par les personnes âgées avant de se coucher pour compenser le faible taux de calcium dans le sang

pendant la nuit et d'ainsi protéger les os et en pus le lait a un effet hypnotique.

(3) Le meilleur moment pour le thé : 1 heure après repas. Beaucoup de gens aiment boire du thé chaud immédiatement après repas, c'est très peu scientifique. En effet, l'acide tannique contenu dans le thé peut se combiner avec le fer dans les aliments pour former des sels de fer insolubles, ce qui interfère avec l'absorption du fer par l'organisme et, avec le temps, peut entraîner une anémie.

(4) Le meilleur moment pour se rincer la bouche et se brosser lesdents: 3 minutes après repas. En effet, c'est à ce moment-là que les bactéries présentes dans la bouche commencent à décomposer les débris alimentaires et que les acides qu'elles produisent ont tendance à éroder et à dissoudre l'émail des dents.

(5) Le meilleur moment pour le bain de soleil : de 9 à 10 heures du matin et de 16 à 18 heures. À cette heure, la lumière est dominée par les rayons ultraviolets A le plus faborisant pour la production de vitamine D, qui améliore le fonctionnement du système immunitaire et prévient l'ostéoporose et l'artériosclérose.

(6) Le meilleur moment pour la promenade : 45 à 60 minutes après repas, à une vitesse de 4,8 kilomètres par heure pendant 20 minutes, c'est là où la consommation d'énergie est maximale, la meilleure pour la perte du poids. Si vous vous promenez 2 heures après repas, l'effet sera encore meilleur.

(7) Le meilleur moment pour l'exercice: Avant la tombée du soir En effet,la force du corps humain ou sa capacité d'adaptation est la meilleure dans l'après-midi ou à la tombée de la nuit, le corps humain est plus sensible et sa coordination est la plus forte en particulier le rythme cardiaque et la pression artérielle sont plus stables, donc un moment le plus faborable pour l'exercise.

(8) Le meilleur moment pour dormir : à partir de 13 heures pour la sièste, lorsque le corps est déjà fatigué et facile de s'endormir. Le soir, il est préférable de se coucher entre 22 et 23 heures, car la période de sommeil profond se situe entre 24 et 3 heures du

matin, et le corps est entré au sommeil profond 1,5 heure après le coucher.

Rythme de vie scientifique et régulière.

5

Chaptre 5

Les Soins post-AVC

Section 1 Soins de la famille

Après la phase aiguë (généralement 7 à 14 jours après la survenue de l'AVC), les patients se sont améliorés à de différents niveaux.Le meilleur moment pour la récupération neurologique se situe entre 3 et 6 mois après la survenue, pendant cette période,si le patient est bien soigné, avec des exercices de réadaptation, une alimentation adéquate et à du repos, tout cela permet de réduire efficacement le handicap physique et de prévenir les complications, ainsi contribuant au rétablissement du patient.

De bons soins de la famille peuvent permettre à 90 % des patients de remarcher ou de vivre indépendamment et d'effectuer quelques tâches légères. Si les soins sont insuffisants et que le patient ne bénéficie pas d'un environnement physique et mental sain, le meilleur moment pour se rétablir sera souvent manqué, ce qui conduidt aux séquelles irréversibles, voire à la détérioration rapide de l'état de santé du patient.C'est pourquoi les soins à domicile après un AVC sont très importants, de l'environnement domestique aux exercices de réadaptation quotidiens, en passant par le régime alimentaire et le bien-être psychologique, tous ces aspects des soins sont essentiels.

1. Préparation pour un patient post-AVC à leur sortie de l'hôpital

(1) Dispositifs d'assistance : pour les patients qui ont des difficultés à se déplacer, préparez-vous à l'avance un fauteuil roulant, ou un déambulateur ou des béquilles, et essayez de choisir des maisons équipées d'ascenseurs. Si nécessaire, installez des accoudoirs et des rampes pour fauteuils roulants à la maison.

(2) Cuisine : s'assurer que le sol de la cuisine est non glissant et que le plan de travail remodelé est adapté aux patients en vue de faciliter leur manipulation. Placer les outils de cuisine fréquemment utilisés dans des armoires basses et utiliser de la vaisselle qui ne se brise pas facilement.

(3) Salle de bains : installez des accoudoires dans la salle de bains, le sol doit être non glissant et on peut y installer des tapis à ventouses, des tapis antidérapants, etc.

(4) Chambre : utilisez un lit bas si possible. Installez un garde-corps si nécessaire. Rendez la chambre le plus pratique, simple et fonctionnelle que possible en évitant le désordre et encombrement.

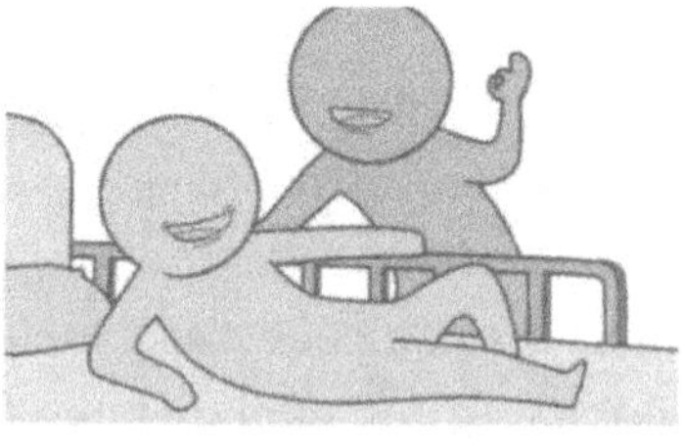

2. Les aspects à prendre en compte dans les soins de réadaptation à domicile

(1) Environnement sain : les patients sortant d'un accident vasculaire cérébral présentent souvent des séquelles telles que des difficultés à se tenir sur leurs jambes et une tendance de tomber facilement. Il est donc important de garder le sol sec et non glissant. Pour éviter les blessures dues aux chutes, le sol doit être recouvert de moquette ou de tapis en mousse, les chevets et les toilettes doivent être équipés de garde-corps. Préparez des chaussures douces, chaudes, faciles à porter anti-glissantes et éviter les pantoufles dans la vie de tous les jours. La chambre doit être calme et aérée avec fenêtre orientée vers le sud.

(2) Soins appropriés de la part de la famille avec amour et patience : l'AVC peut être très traumatisant pour le patient, celui-ci pourrait ressentir des émotions négatives. Les membres de la famille doivent faire preuve d'une compréhension et d'une attention adéquates, Parler avec eux, regarder la télévision et participer à des activités qu'ils apprécient. Parallèlement, le régime alimentaire et le mode de vie du patient doivent être adaptés. Il faut les encourager à faire à reprendre confiance en lui et de retrouver l'espoire pour la vie.

On peut leur proposer de participer à une certaine d'activités genre "foyer des patient ", ce qui peut favoriser la communication entre les patients. C'est également une bonne occasion pour les patients de recevoir des encouragements positifs, d'acquérir des compétences pratiques en matière de réadaptation. La participation des membres de famille aux activités qui intéressent les patients est faborable à leur rétablissement physique et mental.

(3) Assister le patient dans leur exercice de rééducation :Lorsque le patient est incapable de manger ou de s'habiller correctement en raison d'un handicap physique, il faut d'abord l'aider et le réconforter, puis l'encourager à effectuer ses activités quotidiennes progressivement de manière indépendante,sous la direction du médecin en réadaptation, aider le patient à effectuer des exercices de quantité raisonnables (voir ci-dessous) ; pour ceux ayant des séquelles graves, il faut suivre consigne du praticien professionnel en réadaptation afin de réduire les blessures éventuelles causées par des exercices non scientifiques au cours de la rééducation.

(4) Régime alimentaire et nutrition : C'est important pour favoriser la récupération. Après l'AVC La fonction digestive des patients étant affectée dans une certaine mesure, il convient d'adopter un régime doux, semi-liquide, facile à digérer et léger de la période précoce suivant l'AVC. Ce régime peut être progressivement remplacé par un régime normal au fur et à mesure que le patient se rétablit. On peut choisir aliments que le patient aime avec une nutrition équilibrée. Les aliments de base recommandés sont les grains et les céréales, suivis des aliments riches en fibres qui aident à prévenir la constipation, tels que les

légumes, les fruits et les céréales complètes, et une quantité appropriée de protéines, comme les œufs, le lait et de petites quantités de viande. Évitez les aliments riches en sel, en huile et en graisse tels que les abats, les viandes grasses et les viandes salées. En même temps arrêtez de fumer et de boire d'alcool.

(5) Communiquez régulièrement avec le médecin et ne modifiez pas les médicaments sans accord du medecin. La période critique pour la récupération se situe autour de six mois après l'AVC. Il faut aider le patient de prendre ses médicaments selon l'ordonnance de son médecin traitant, de mesurer régulièrement la tension artérielle et la glycémie et contrôlez bien les facteurs de risque. Consultez votre médecin en cas de changement de temps, d'ajustement des médicaments ou de changement de régime alimentaire. N'arrêtez pas ou n'adaptez pas votre traitement sans autorisation du médecin.

(6) Consultez rapidement le médecin si l'état de santé change: si l'état primaire s'aggrave ou si d'autres anomalies apparaissent, consultez rapidement un médecin afin d'éviter une récidive de l'AVC et de ne pas retarder le traitement.

Section 2 Gestion des complications post-AVC

I. Connaissance de base

1. Les complications les plus courantes après un AVC

Outre les divers troubles neurologiques provoqués par la lésion cérébrale, les complications post-AVC peuvent avoir des causes diverses. Par exemple une pneumonie peut se développer chez les patients souffrant de dysphagie post-AVC en raison d'une inhalation involontaire pendant qu'ils mangent ou boivent; chez les patients qui sont alités pendant de longues périodes peuvent développer une thrombose veineuse profonde dans les membres inférieurs, des escarres, des contractures articulaires, une atrophie musculaire, etc. Certaines lésions cérébrales peuvent provoquer une épilepsie post-AVC; la faiblesse des membres ou un tonus musculaire élevé peuvent entraîner des chutes lors de la marche. Dans les cas d'AVC graves, des saignements gastro-intestinaux y submergent, chez les patients porteurs de sondes urinaires. il peut y avoir des infections urinaires .La prévention est importante et lorsqu'elles surviennent, il faut les traiter rapidement afin d'éviter l' aggravation.

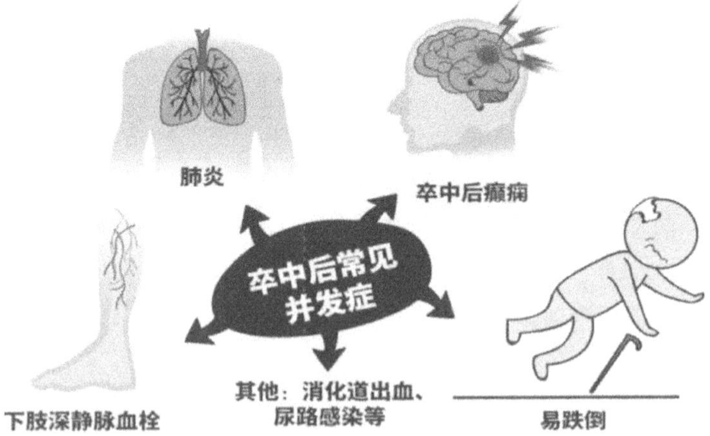

卒中后常见并发症	Les complications les plus courantes après un AVC
肺炎	Pneumonie
卒中后癫痫	Épilepsie post-AVC
下肢深静脉血栓	Thromboses veineuses profondes des membres inférieurs
其他：消化道出血、尿路感染等	Autres : saignements du système gastro-intestinal, infections des voies urinaires, etc.
易跌倒	Facile à tomber

2. La fièvre post-AVC

Il y a plusieurs causes à la fièvre post-AVC, la plus fréquente étant une infection des voies respiratoires ou urinaires suivie d'une lésion de la partie centrale du cerveau (hypothalamus) qui régule la température corporelle. En outre, une déshydratation sévère pourra aussi cause la fièvre.

(1) Traitement de la fièvre : ne pas prendre de médicaments antipyrétiques immédiatement, il faut d'abord chercher la cause. En cas d'infection, des antibiotiques doivent être administrés. Si la température est inférieure à 38°C, le médecin recommandera de prendre beaucoup d'eau, si la température est supérieure à 38 °C, envisagez d'administrer des médicaments antipyrétiques.

Fièvre

(2) Prévention de la fièvre causée par une infection : Prévention des infections des voies respiratoires et urinaires ainsi que les escarres. Il faut se retourner plus souvent, se tapoter le dos, boire plus d'eau et faire plus d'exercises physiques.

3. La pneumonie post-AVC

La pneumonie post-AVC augmente non seulement les coûts et la durée à l'hôpital, mais aussi le risque de décès.

Pourquoi la pneumonie est-elle survenue assez souvent après un AVC. Les patients sont inconscients, alités pendant longtemps, leur faiblesse d'aspiration des expectorations peut facilement conduire à l'aspiration accidentelle d'aliments, en plus les personnes âgées ont plus de maladies basiques et les défenses respiratoires sont plus faibles, des infections pulmonaires peuvent donc se produire.

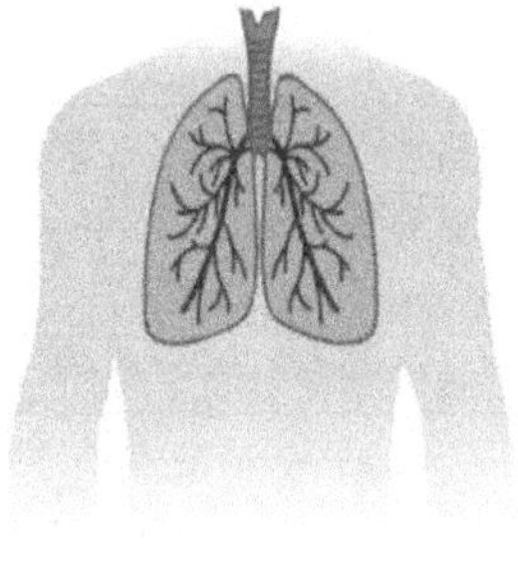
Pneumonie post-AVC

Prévention des infections pulmonaires : le personnel soignant doit régulièrement tourner et tapoter le dos du patient et l'encourager à cracher ; maintenir le patient en position semi-allongée tant que possible et réduire le temps passé en position couchée (la position couchée, avec la langue qui tombe en arrière et une mauvaise évacuation des expectorations, augmentant le risque de reflux gastro-intestinal et l'aspiration accidentelle d'aliments). Lorsque la déglutition n'est pas rétablie, évitez autant que possible les aliments en liquides, car ils sont les plus susceptibles d'être aspirés par erreur ; les aliments doivent être épais et faciles à manger ; éviter d'exposer le patient au froid.

4. Infections urinaires post-AVC

Les infections des voies urinaires se manifestent par un triple syndrome : envie d'uriner fréquente, urgente et douloureuse. Souvent dues aux mauvais soins apportés à l'anus et à la région périurétrale après un AVC, ce qui entraîne souvent une prolifération bactérienne qui remonte dans l'urètre.

Prévention des infections urinaires : renforcer la nutrition, prendre beaucoup d'eau et prendre bon soin du patient, sirtout à garder la peau autour de l'anus et de l'urètre propre, gardez le lit propre et rangé, et changez les couches si le patient en utilise. Encourager les patients à uriner par eux-mêmes et éviter, dans la mesure du possible le cathétérisme. Lorsqu'une sonde est posée chez un patient présentant des troubles de la conscience, elle doit être désinfectée et vidée régulièrement afin de maintenir la paroi de la vessie sous tension. Clamper et drainer la sonde régulièrement, éviter de plier la poche urinaire et le tube de drainage pendant le sondage. La poche urinaire et le tube de drainage doivent être placés sous la vessie pour éviter toute flexion et pression. Encouragez le patient à uriner par lui-même si la vessie est gonflée. s'il est constaté que le patient souffre d'une infection des voies urinaires, des antibiotiques doivent lui être administrés rapidement.

5. Hémorragie gastro-intestinale post-AVC

Les hémorragies gastro-intestinales post-AVC sont fréquentes dans deux circonstances: une hémorragie gastro-intestinale est survenue avec l'AVC chez les patients d'âge avancé souffrant d'un AVC grave (y compris infarctus cérébral et hémorragie cérébrale) à la suite d'ulcères de stress causés par un traumatisme aigu ; L'autre est due au traitement de l'infarctus cérébral causé par des traitements telsque la thrombolyse intraveineuse, la bithérapie antiplaquettaire, l'anticoagulation. Ces traitements comportent un certain risque de saignement, pouvant conduire à des hémorragies cérébrales, des saignements gastro-intestinaux, etc.

Dans le cas d'une hémorragie gastro-intestinale, elle peut se manifester par des vomissements de sang, des selles goudronneuses, un pouls accéléré, sueuer froides, mine pale etc. En cas de saignement abondant, la pression artérielle peut chuter, l'on peut même s'évanouir.

Après un AVC, le médecin appliquera un protecteur de la muqueuse gastrique afin de prévenir les hémorragies gastro-intestinales. Si l'hémorragie gastro-intestinale est liée à la survenue d'un AVC, le traitement thrombolytique doit être contre-indiqué si c'est associé à un traitement de l'infarctus cérébral (thrombolyse, antiplaquettaire, anticoagulation), celui-ci doit être suspendu et un traitement hémostatique doit être administré. En cas d'hémorragie importante, une transfusion sanguine doit être effectuée.

Dans la phase aiguë après une hémorragie gastro-intestinale, le patient doit être à jeun de nourriture et d'eau. Pendant la période de convalescence, une alimentation molle et saine et semi-liquide doit être fournie aux patients. Faites manger plusieur fois et en petite quantité à chaque fois.

6. La thrombose veineuse profonde des membres inférieurs post-AVC

L'impossibilité de mobiliser les membres inférieurs entraîne un trouble dans le retour veineux, ce qui provoquera une thrombose veineuse profonde dans les membres inférieurs, qui se caractérise par gonflement, douleur sous la pression dans les membres inférieurs et peut s'aggraver après mouvement. Lorsque

le thrombus se situe haut, il peut facilement se déloger et provoquer une embolie pulmonaire(qui se manifeste par essoufflement soudain, oppression thoracique, etc. et qui peut être fatale dans les cas graves).

Prévention de la thrombose veineuse profonde : pour les patients alités, il faut faire tourner régulièrement, renforcer et inciter les patients à prendre l'initiative d'effectuer des exercices d'extension et de flexion dorsale du pied, des exercices de rotation de la cheville et des mouvements fréquents des orteils au lit, masser fréquemment les muscles des membres inférieurs pour favoriser la circulation sanguine. Si l'était permet, sortez du lit dès que possible et buvez

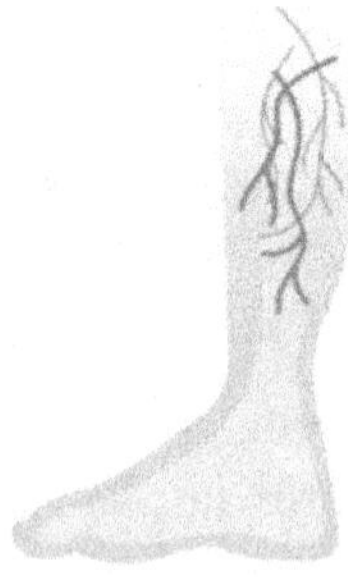

Thrombose veineuse profonde des membres inférieurs

beaucoup d'eau. Vous pouvez également porter des bas de compression à gradient médical, utiliser des dispositifs médicaux tels que des dispositifs de compression gonflable intermittente ou pompe veineuse sur le dessous du pied à titre préventif.

Si une thrombose veineuse profonde a été détectée, ne surtout pas massez la zone thrombosée afin d'éviter que le thrombus ne se déloge et ne provoque une embolie pulmonaire. Traitement classique est généralement très efficace avec une anticoagulation systématique. En outre, la thrombolyse et la thrombectomie sont également disponibles.

7. L'épilepsie post-AVC

L'épilepsie post-AVC correspond à des crises d'épilepsie non sollicitées qui surviennent après une période après un AVC, sans avoir eu antécédents d'épilepsie avant l'AVC.Les types d'AVC comprennent l'infarctus cérébral, l'hémorragie cérébrale, l'hémorragie sous-arachnoïdienne et l'accident ischémique transitoire. D'autres types de lésions cérébrales, telles que les infections du système nerveux central et les traumatismes crâniens, peuvent également provoquer des crises d'épilepsie.

La formation de l'épilepsie est associée à des lésions du tissu cérébral, aux premiers temps après une lésion cérébrale, il peut arriver une ischémie et une hypoxie neurologiques, un œdème cérébral et des troubles métaboliques, au stade plus avancé, il peut y avoir une prolifération gliale, une formation de cicatrices gliales. Ils peuvent entraîner une activité électrique anormale (hyperexcitabilité) et des décharges épileptiformes. Les lésions corticales près de la surface du cerveau se manifeste plus souvent avec une forte

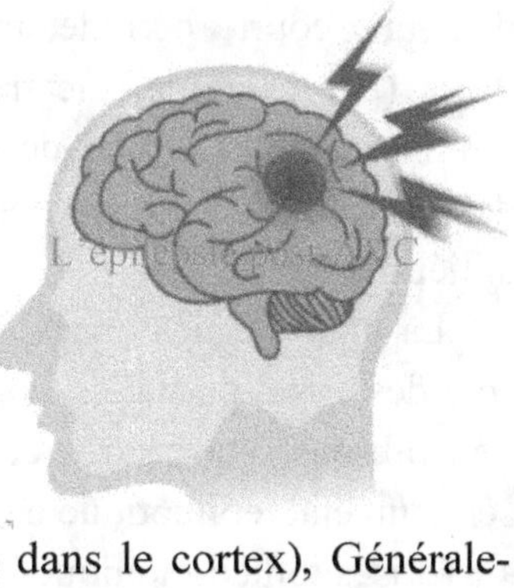

concentration de cellules nerveuses dans le cortex), Généralement observée à proximité de lésions corticales à la surface du cerveau (la concentration des Les cellules nerveuses sont plus concentrées dans le cortex), ou des lésions d'une grande surface ou patients souffrant d'un AVC grave (par exemple, une hémorragie cérébrale importante).

II. Questions et Réponses

1. La présence d'une épilepsie affecte-t-elle la guérison des patients d'un AVC ?

R : Selon le moment où la crise est survenu, il y a deux types d''épilepsie post-AVC : crise précoce et crise tardif. Ces deux types d'épilepsie sont traités différemment et ont des perspectives différentes. L'épilepsie précoce est définie comme l'épilepsie qui survient dans les deux semaines suivant l'AVC, le plus souvent dans le cas d'une hémorragie cérébrale ou d'une hémorragie sous-arachnoïdienne ; L'épilepsie tardive est définie comme l'épilepsie qui survient 2 semaines après l'AVC, la plus part entre 6 et 15 mois et très rarement après 2 ans, le plus souvent chez des patients d'un infarctus cérébral.

L'ischémie et l'œdème cérébral suivi d'un AVC disparaissent généralement peu de temps après le traitement. Donc l'épilepsie précoce disparaît souvent d'elle-même au fur et à mesure que l'état de santé s'améliore. Un petit nombre de patients ont besoin de médicaments antiépileptiques supplémentaires pendant une courte période, tandis que les crises d'épilepsie tardives (par exemple, cicatrisation colloïdale) sont difficiles à éliminer à court terme, de sort que la plupart des patients ont des crises récurrentes et one souvent besoin de médicaments antiépileptiques.

La majorité des crises d'épilepsie post-AVC (plus de 60%) sont des crises partielles et simples, environ 20% sont des crises généralisées secondaires et une minorité (moins de 10%) présente un état épileptique continu. Les crises importants d'épilesie (crises tonico-cloniques généralisées) et l'état continu d'épileptique sont généralement aggravants et affectent le pronostic, leptique sont généralement aggravants et affectent le pronostic, et doivent faire l'objet d'une attention particulière.

2. En cas de crise épileptique, que doit faire la famille ?

R : L'épilepsie post-AVC peut survenir soudainement à tout moment et en tout lieu. Tout abord que la famille ne soit pas paniquée en prenant les mesures suivantes.

(1) Les crises ont souvent des signes d'aura. Aidez le patient à s'allonger sur le côté dans un endroit sûr pour éviter une chute soudaine et un traumatisme crânien.

(2) Si le patient est déjà tombé par terre avec la face contre le sol, aidez-le à se retourner et à placer la tête sur le côté afin que les sécrétions puissent s'échapper de la bouche à temps pour éviter la suffocation.

(3) Placez un objet mou dans la bouche du patient pour l'empêcher de se mordre la langue pendant une crise. Si les dents du patient sont bien fermées, ne les forcez pas à s'ouvrir.

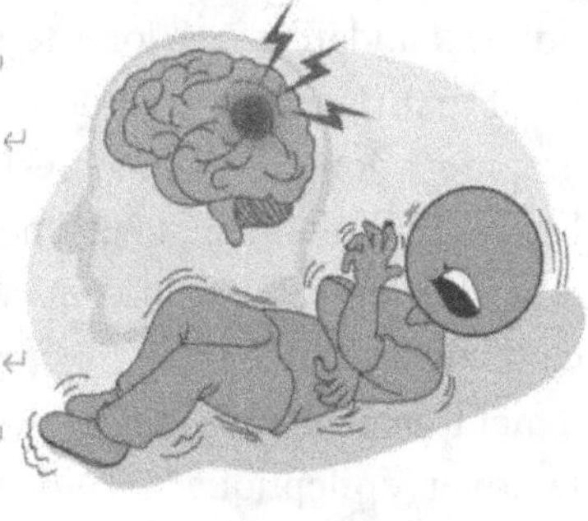
Crises d'épilepsie

(4) Déboutonnez immédiatement le col du patient et assurez-vous que les voies respiratoires sont dégagées ; placez un objet doux, tel qu'un oreiller, sous la tête ou le cou.

(5) Ne pas forcer le patient pour l'obliger d'arrêter ses secousses lorsqu'il a des convulsions pour éviter des fractures.

(6) Si le patient a des convulsions répétées pendant un certain temps, quand la durée dépasse de 5 minutes, appelez immédiatement le 120 pour les premiers secours et emmenez-le à l'hôpital le plus proche pour un traitement rapide.

3. Dois-je prendre des médicaments antiépileptiques aussitôt que l'épilepsie s'est manifestée ?

R : L'épilepsie précoce disparaît souvent d'elle-même au fur et à mesure que l'état de santé s'améliore. Un petit nombre de patients (≥2 crises sévères) nécessitent du traitement médicamenteux en courte période. Une fois que les crises sont contrôlées et stabilisées pendant 2 à 3 mois, le médicament peut être réduit progressivement jusqu'à l'arrêt, la prise de médicaments antiépileptiques à long terme n'est généralement pas nécessaire.

En cas d'épilepsie tardive, si très peu fréquentes, par exemple une ou deux crises par an, ou si les crises sont mineures et se résolvent d'elles-mêmes en moins de 5 minutes, elles peuvent être traitées temporairement sans médicaments antiépileptiques. À part ce cas, les crises doivent généralement être traitées par des médicaments antiépileptiques standardisés à long terme, lorsque les crises sont totalement maîtrisées au bout de 2 à 3 ans, et que l'électroencéphalographie à longue distance est normale sur plusieurs reprises, l'arrêt du traitement peut être envisagé et la procédure d'arrêt doit être lente. Certains patients peuvent avoir besoin de médicaments à vie. Chez un très petit nombre de patients, aucun traitement antiépileptique n'est efficace, ce qui nécessite de cibler le foyer épileptique à l'aide de techniques mini-invasives ou chirurgical.

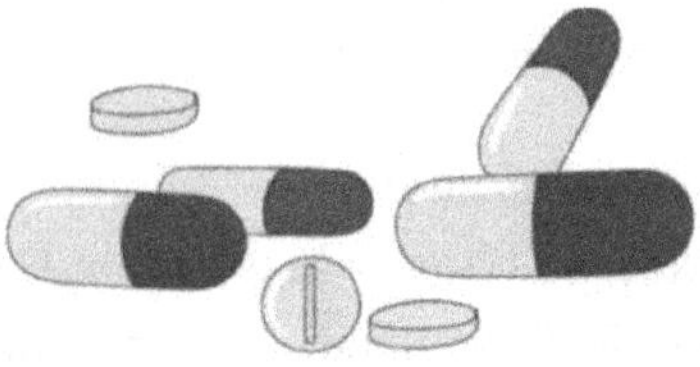

4. Que faire dans ma vie quotidienne pour prévenir les crises d'épilepsie ?

R : Après une crise, il est important de prendre les précautions suivantes pour éviter une nouvelle crise qui contribuera à stabiliser l'état de santé.

(1) Suivez une routine régulière, ne vous couchez pas tard devant la télévision, ne vous engagez pas dans des activités mentales stressantes et gardez votre esprit calme et zen.

(2) Adoptez un régime alimentaire léger et évitez les aliments

gras tels que le bœuf et le mouton, ainsi que les boissons excitantes telles que le thé fort et le café. Évitez les boissons excitantes (thé fort, café, etc.).
(3) Évitez d'être enrhumé, car la fièvre que le thume provoque peut facilement déclencher des crises d'épilepsie.

5. Que faire pour les douleurs dans les membres ?

R : Si un patient reste au lit pendant une longue période après un AVC, les muscles s'atrophient et le membre devient raide. Il est important de faire bouger régulièrement le membre paralysé, Au fur et à mesure que le membre redevient fonctionnel, la douleur disparaît. Le mouvement initial du membre est principalement passif (avec l'aide de forces extérieures). Initialement, les mouvements du membre sont principalement passifs. Le membre est déplacé dans toutes les directions (avec l'aide de forces extérieures). Prévenir les contractures des muscles, des tendons et des ligaments. Par exemple, une douleur permanente dans l'épaule ou le bras affecté, on peut atténuer la douleur par l'extension ou de la flexion de la main, du poignet ou de l'épaule, ou lors d'une rotation vers avant et en arrière. Au fur et à mesure que l'état s'améliore, complément des exercices de rééducation, la douleur disparaîtra au fur et à mesure que la force musculaire augmentera et que la fonction des membres progressivement rétablie, la douleur disparaîtra. Si vous ressentez une augmentation soudaine de la douleur, il faut absolument informer votre neurologue ou votre rééducateur pour un traitement rapide.

6. Comment protéger les pieds après un AVC ?

R : Après un AVC, des fonctions cérébrales et nerveuses endommagées entraînent une paralysie des membres, une faiblesse musculaire, une perte de sensibilité et des changements de posture lors de ma marche, ce qui pourra générer des problèmes de pieds. Certaines personnes dont la sensibilité des pieds diminue, elles peuvent avoir des ampoules ou des callosités sur les pieds sans s'en rendre compte. Elles doivent donc être examinées régulièrement par un ami, un membre de la famille ou un agent mé pour vérifier qu'elles n'ont pas de problèmes de pieds. Examinez régulièrement la plante des pieds pour détecter les fissures, les ampoules, les douleurs, les gonflements et les changements de couleur de la peau etc. En particulier chez les diabétiques, s'il y a des signes d'infection tels que rougeur, gonflement, suintement ou pus, il faut informer le médecin à l'heure pour un traitement plus tôt. Pour les patients ayant subi un AVC, il convient de choisir des chaussures souples et bien adaptée, en cas de gonflement du pied, prenez des chaussures légèrement plus grandes.

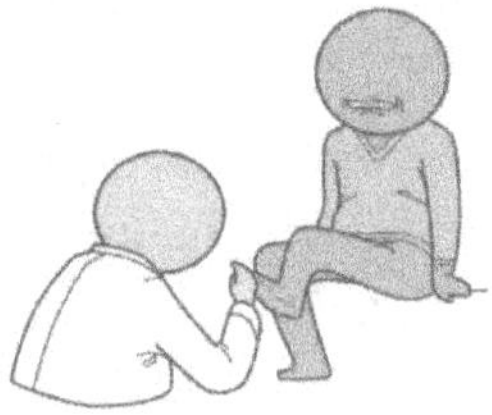

Remarque

- Ne soutenez pas le patient en tenant le bras du côté affecté.
- Demandez à l'avance à votre médecin de vous proposer des exercices de rééducation physique ; des activités inappropriées peuvent entraîner des lésions du membre et aggraver la douleur.
- Chez un petit nombre de patients, la douleur provient d'une lésion cérébrale, appelée douleur thalamique. Ce type de douleur est difficile à contrôler car le thalamus est le point de relais de la transmission sensorielle.

Section 3 Séquelles post-AVC

I. Connaissance de base

Si le traitement est à l'heure lors de la phase aiguë de l' AVC, les diverses détériorations neurologiques associées peuvent être récupérées rapidement après.Mais dans la pratique la plupart des patients arrivent à l'hôpital après le délai optimal, le tissu cérébral présente un infarctus irréversible, entraînant de différents degrés de lésions neurologique, laissant de nombreux patients avec un ou plusieur séquelles, comme une déficience motrice(hémiparésie), sensorielle, problème d'articuler, troubles d'avaler ,une déficience intellectuelle (déficience cognitive), et des troubles de l'humeur (anxiété, dépression), etc.

II. Questions et réponses

1. Peut-on se rétablir complètement des séquelles sortant d'un AVC ?

R : Tous les tissus et organes du corps humain ont la capacité de compenser, le cerveau ne fait pas exception. Après un AVC, le réseau neuronal du cerveau se réorganise pour compenser les dommages (c'est ce qu'on appelle la plasticité cérébrale). Après une période de traitement et de récupération, de nombreuses fonctions neurologiques seront compensées à des degrés divers. Généralement le patient peut être complètement guéri dans les cas légers et considérablement amélioré dans les cas graves. C'est pourquoi la rééducation doit commencer le plus tôt possible (à partir de 24 heures suivant l'apparition de l'accident et dans les 24 heures) afin de promouvoir la restauration de la fonction nerveuse lésée et prévenir les contractures articulaires et l'atrophie musculaire, etc. L'objectif du traitement et de maximiser l'amélioration fonctionnelle du patient, de réduire les séquelles, de permettre aux patients de regagner son indépendance avec une meilleure qualité de vie.

2. Comment positionner un membre paralysé post-AVC dans les premiers temps ?

R : Lorsqu'un patient victime d'un AVC se manifeste une hémiplégie, la position du membre paralysé est très importante, Il est conseillé de se référer aux positions indiquées ci-dessous.
(1) Position allongée sur le dos : le membre supérieur du côté affecté est placé le long du corps, le coude, le poignet et les doigts étendus, avec un oreiller moelleux sous l'épaule s'il faut. Dans la phase aiguë, le tonus musculaire est faible, les membres inférieurs doivent être principalement étendus, avec un coussin souple sous la cuisse côté externe pour maintenir le genou légèrement fléchi en évitant l'hyperextension du genou. Avec le rétablissement du tonus musculaire, les membres inférieurs peuvent être fléchis au niveau de la hanche, genou et jambe, avec le pied tenant sur le lit. Évitez d'utiliser des coussins souples dans le creux poplité, sous le genou, car ils peuvent gêner la circulation sanguine du mollet.

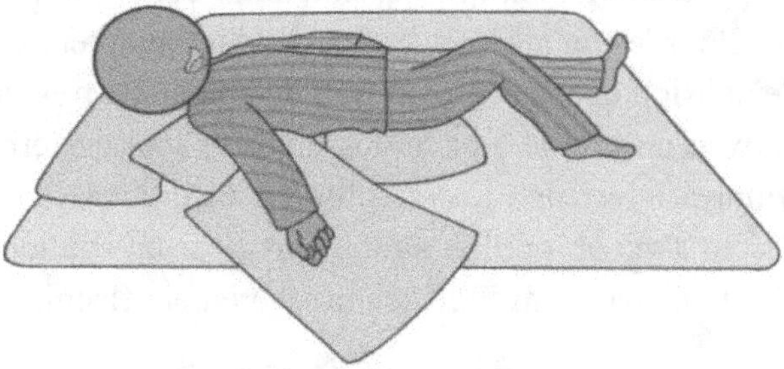

Nota : Rouge indique le côté affecté
En cas d'hémiplégie, la position allongée sur le dos

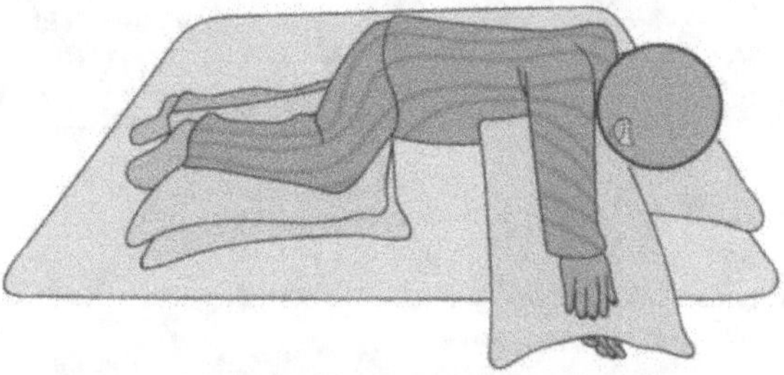

Nota : Rouge indique le côté affecté
En cas d'hémiplégie, la position allongée sur le côté saint

(2) Position allongée sur le côté saint : en adoptant cette position il faut veiller à changer de position à intervalles réguliers,lorsque le patient est allongé sur le côté sain, le corps doit légèrement incliner vers l'avant, le membre supérieur du côté affecté est détendu et étiré vers l'avant, placé sur l'oreiller en gardant le coude, le poignet et les doigts étendus.Le membre inférieur est placé sur un oreiller moelleux, le côté affecté en avant, légèrement fléchi, tandis que le côté sain est en arrière, naturellement fléchi.

(3) Position allongée sur le côté affecté : il faut veiller à changer de position à intervalles réguliers. La position allongée sur le côté affecté augmente la stimulation sensorielle du membre affecté qui allonge l'ensemble du membre supérieur affecté, ce qui réduit l'apparition de la spasticité, la main de ce côté peut

bouger librement. Le membre supérieur du côté affecté doit étirer vers l'avant autant que possible pour éviter la pression sur l'épaule. Pour les membres supérieurs il faut maintenirc en position d'extension constante au niveau du coude, du poignet et des doigts, avec un oreiller sur le dos pour un soutien ferme. Pour les membres inférieurs, le côté saint en avant avec la hanche et genu fléchi avec un oreiller au dessous pour un soutien, le côté affecté est en arrière, avec le genou légèrement fléchi.

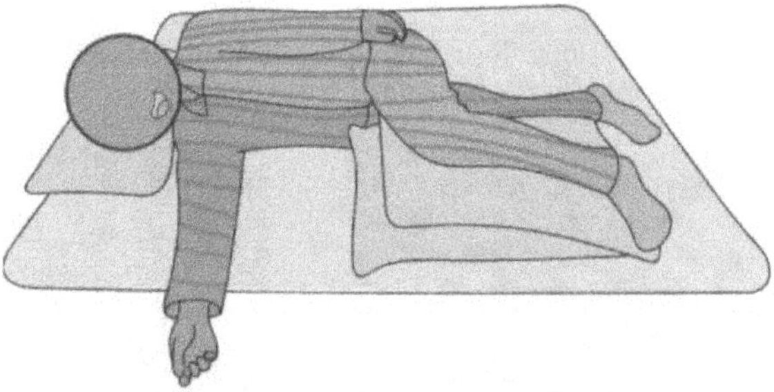

Nota : Rouge indique le côté affecté
En cas d'hémiplégie, la position allongée sur le côté affecté

3. Comment aider les personnes hémiplégiques à surmonter les difficultés pratiques ?

R : Après la phase aiguë de l'AVC, la force des membres commence à se rétablir. Il faut faire des exercises de réeducation activement. Cela permet non seulement de favoriser la récupération fonctionnelle des membres, de prévenir les contractures articulaires et l'atrophie musculaire, mais aussi d'éviter l'anxiété et la dépression post-AVC.

Exercice 1 : Comment faire des exercies dans le lit lorsque le membre supérieur est paralysé ?

On peut aider le patient ou lui apprendre à utiliser la main du côté saint pour effectuer des exercies simples.

(1) En position allongée sur le dos, soulever les membres supérieurs.

(2) Saisir et tenir des objets.

(3) Se balancer vers le haut, le bas, la gauche et la droite.

Veillez également à faire bouger les autres parties du corps pour éviter l'atrophie due à la désuétude ou la perte de fonction. Si le patient est douleureux, on peut se limiter les exercices dans la zone non douleureuse, en étendant progressivement la zone de mouvement et en augmentant l'amplitude. Il faut insister à faire l'exercice quotidiennement, une fois le matin et une fois l'après-midi pendant environ une demi-heure à chaque fois.

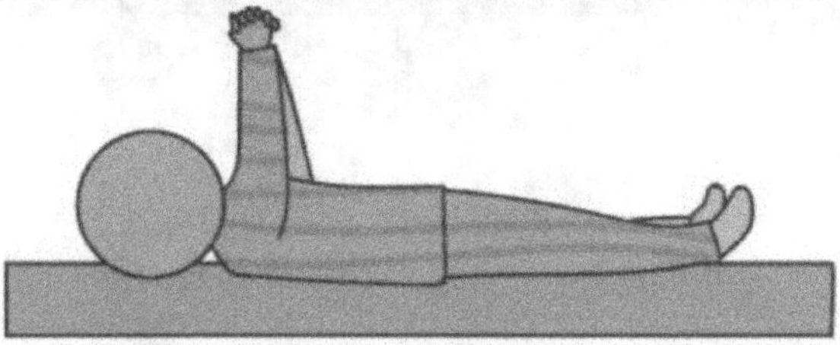

Exercice 2 : Comment apprendre à se retourner en cas de paralysie

(1) Le patient s'allonge sur le dos, les bras croisés et le pouce du côté affecté sur le dessus. Soulever les deux membres supérieurs en les maintenant droits. Les deux membres inférieurs pliés avec les pieds pédalant sur le lit.

(2) Tourner la tête d'un côté, puis basculer les deux membres supérieurs et inférieurs du même côté et ramener le tronc jusqu' à se retourner.

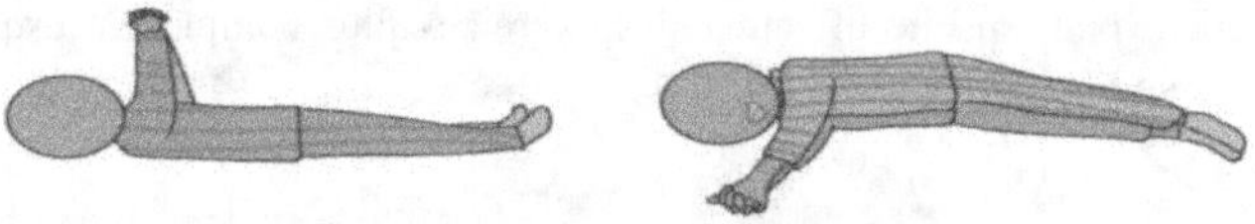

Nota : Rouge indique le côté affecté

Retournement indépendamment côté affecté dans le lit

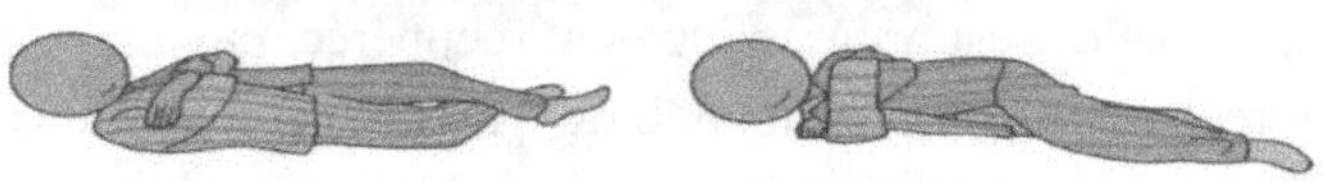

Nota : Rouge indique le côté affecté

Retournement indépendamment côté saint indépendamment dans le lit

Exercice 3 : Comment apprendre à s'asseoir en cas de paralysie
(1) Effectuez d'abord les mouvements de se tourner ci-dessus, en accrochant le membre inférieur du côté affecté avec le pied sain pour se déplacer vers le bord du lit et se laisser tomber le long du bord du lit ;
(2) Soutenez le lit avec la main et le bras du côté sain et soulevez le corps
Note : Si nécessaire, la famille peut apporter son aide en renforçant l'épaule et le bassin.

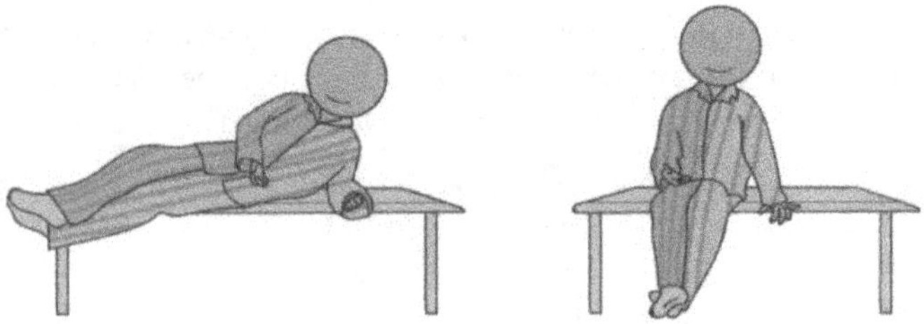

Nota : Rouge indique le côté affecté
s'assoire sur le côté saint indépendamment dans le lit

Exercice 4 : Comment se lever en cas de paralysie
(1) Le patient en position assise, les pieds pédalent au sol, écartés de la largeur des épaules ;
(2) Les bras croisés, redresser les deux membres supérieurs et tendre les mains vers l'avant ;
(3) Le tronc se penche vers l'avant et les hanches se soulèvent lentement pour se mettre debout.
Après des exercices appropriés, la force des membres paralysés est progressivement rétablie et avec l'aide d'un rééducateur professionnel, le patient peut ensuite effectuer des exercices plus complexes jusqu'à ce qu'il se rétablisse.

Avec des exercices appropriés, la force des membres paralysés du patient est progressivement récupérée, puis, avec l'aide d'un rééducateur professionnel, le patient peut effectuer des mouvements plus complexes jusqu'à ce qu'il se rétablisse.

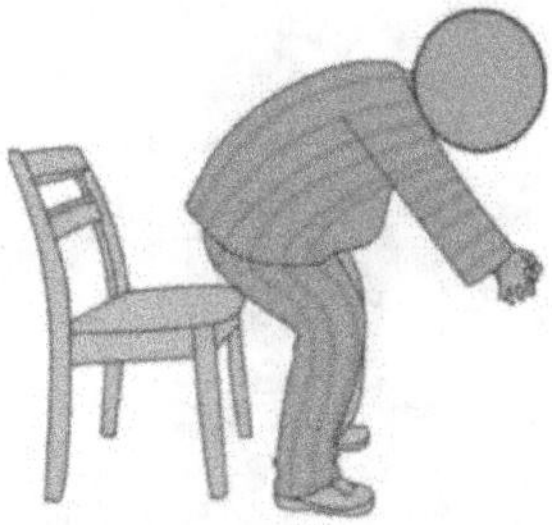

Nota : Rouge indique le côté affecté
Entraînement autonome au redressement assis

4. Comment entraîner les articulations lorsque le patient est alité pendant de longues périodes ?

R : Pour les patients qui sont alités pendant une longue période, des exercices de mobilité articulaire doivent être effectués pour aider à soutenir et protéger la fonction articulaire, améliorer l'état musculaire, ce qui constitue une bonne base pour la récupération dans l'avenir. On peut commencer par des activités passives (avec assstance des autres personnes) pour arriver progressivement aux activités actives (sans l'aide d'autres personnes).

La famille et le thérapeute doivent d'abord comprendre l'amplitude des mouvements articulaires du patient avant d'effectuer les exercices. Le patient doit prendre une position confortable, détendue et le thérapeute doit être doux, et effectuer des mouvements lents et séquentiels des grosses articulations proximales vers les petites articulations distales. Ne déplacez pas les articulations à plus de 70 % de leur amplitude normale et évitez de provoquer la douleur en les faisant tourner; les exercices peuvent être effectués 2 à 3 fois par jour, environ 10 fois par articulation, chaque articulation à son tour.

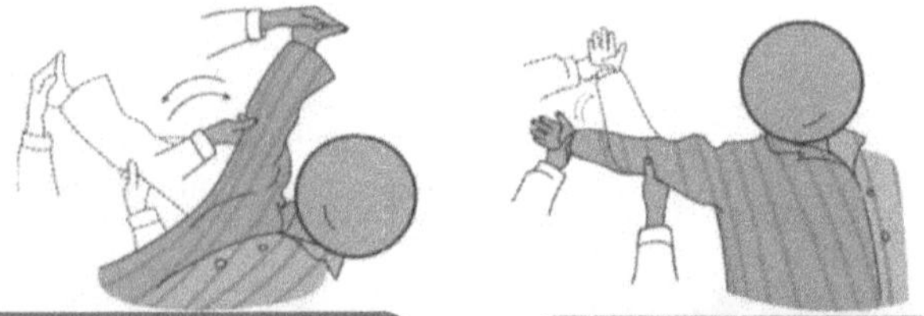

A :Mouvements de flexion et d'extension de l'articulation de l'épaule ;

B :Mouvements de flexion et d'extension de l'articulation du bras avant

Nota : Rouge indique le côté affecté

Mouvement passif de l'articulation I

A :Mouvements d'extension et de flexion de l'articulation métacarpophalangienne

B :Mouvement passif du pouce par l'adducteur

Nota : Rouge indique le côté affecté

Mouvement passif de l'articulation II

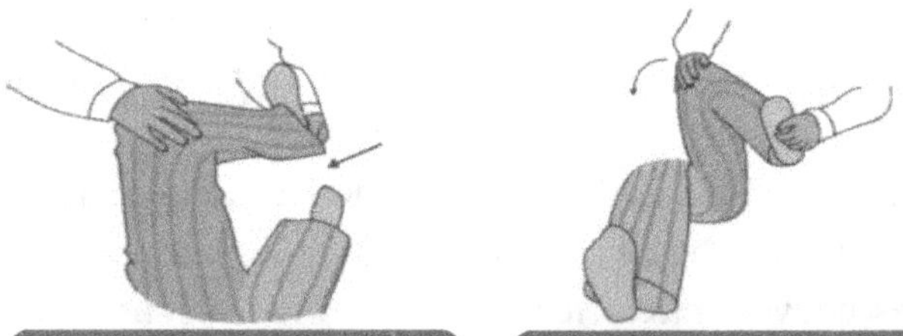

A :Entraînement à la flexion de hanche

B :Rotation interne de la hanche

Nota : Rouge indique le côté affecté

Mouvement passif de l'articulation III

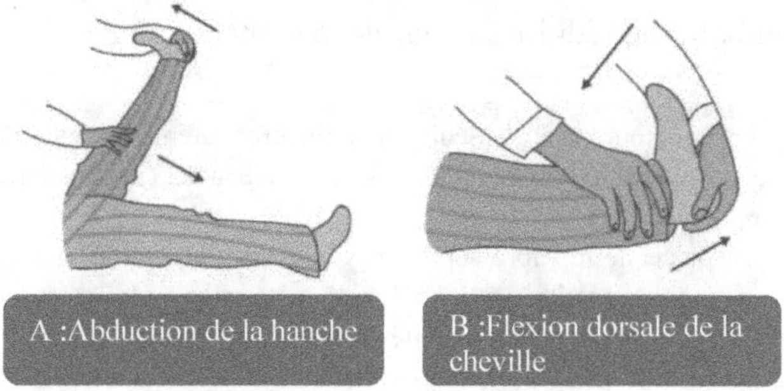

Nota : Rouge indique le côté affecté

Mouvement passif de l'articulation IV

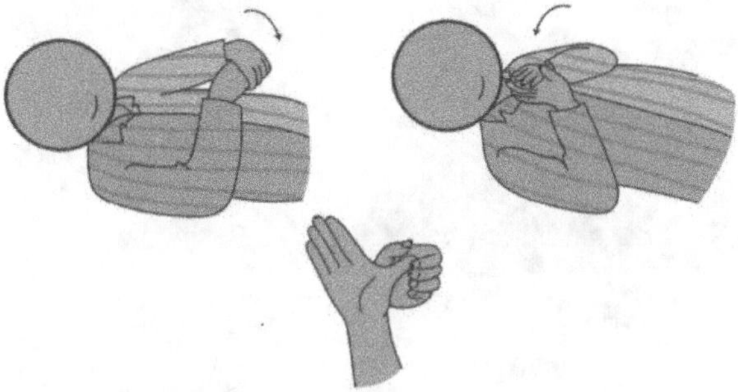

Nota : Rouge indique le côté affecté
Rééducation assistée de la main atteinte par la main valide

5. Comment une personne hémiplégique peut-elle se relever après une chute ?

R : Les patients souffrant de problèmes aux jambes tombent assez facilement. Pour éviter les chutes, certaines mesures de protection peuvent être prises à l'avance : ① Veiller à ce que le sol à la maison ne soit pas glissant ; ② Poser des tapis ou des matelas en mousse sur le sol pour éviter les fractures et autres blessures après une chute. ③ Évitez de porter des pantoufles. ④ Utilisez un déambulateur en cas de difficulté à marcher.

Si le patient est tombé et il n'y a pas de blessure évidente, en plus ses membres ont une certaine force musculaire, il peut envisager de se lever seul ou avec l'aide d'autres personnes. Les membres de la famille doivent apprendre au patient à se relever tout seul afin de réduire sa peur de la chute.

Étape 1 : Se retourner et s'asseoir sur le membre latéral valide, en déplaçant le corps contre un objet proche et soutenable (par exemple une chaise).
Étape 2 : placer le membre supérieur valide sur un support et s'appuyer sur les membres supérieurs et inférieurs du côté sain, soulever les hanches afin d'amener les deux membres inférieurs en position agenouillée ;
Étape 3 : Soutenu par les membres supérieurs et inférieurs du côté valide, levez le corps et tournez les hanches vers le siège et asseyez-vous dessus.

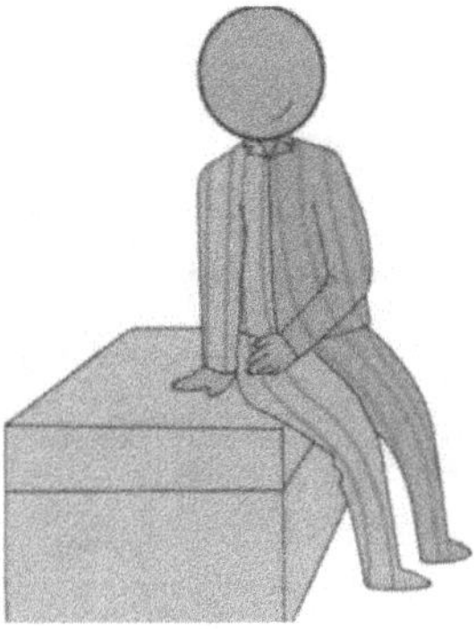

Nota : Rouge indique le côté affecté

6. Comment les patients post-AVC pouvant marcher font-ils les exercices ?

R : L'exercice à quantité approppriée permet de stabiliser la tension artérielle, d'améliorer la circulation sanguine et d'accroître la condition physique. Par conséquent, il est conseillé aux patients post-AVC qui peuvent marcher de poursuivre des activités aérobies telles que la marche et l'aérobic, 3 à 4 fois par semaine, 30 minutes par fois. Il est préférable de commencer à faire de l'exercice lorsque le patient a de l'énergie et qu'il a suffisamment dormi. La durée et la fréquence de l'exercice peuvent être ajustées en fonction de la situation réelle. Évitez de faire l'exercice le soir dans le fois. Par temps ensoleillé, si vous en avez le temps, profitez-en !

7. Comment les patients souffrant de dysphagie mangent-ils et boivent-ils ?

吞咽困难

进食困难	Difficultés à se nourrir
营养不良	Nutrition déficiente
肺部感染	Infections pulmonaires
脱水	Déshydratation
吞咽困难	Difficultés à avaler

R : Les mouvements de déglutition sont contrôlés par le système nerveux central du cerveau. Par ce fait, les troubles de la déglutition sont fréquents après un AVC. Cela peut se manifester par des difficultés à avaler, s'étouffer, tousser et manger lentement, parler d'une voix anormale, et incapable à tousser spontanément. Dans les cas graves, une sonde gastrique peut être insérée pour l'alimentation par voie nasale. La dysphagie post-AVC est fréquente, alimentations aspirées par erreur dans les voies respiratoires peut provoquer une pneumonie d'aspiration ; en outre, une mauvaise alimentation peut conduire à la malnutrition et à la déshydratation, et une malnutrition sévère peut entraîner une détérioration de l'état de santé.

En cas de dysphagie, voici quelques recommandations :

(1) Manger par petites bouchées ;
(2) Mâcher en utilisant le côté où les muscles sont plus forts ;
(3) Se nettoyer la gorge et la bouche après chaque bouchée ;
(4) Enlever les restes de nourriture à l'intérieur de la joue ;
(5) Ne pas parler en mâchant ;
(6) se brosser les dents après chaque repas.

Lorsque le patient est capable de manger par la bouche, des aliments mous et épais sont recommandés (par exemple, pâte de riz, crème aux œufs, yaourt, soupe toufu) au lieu des quides collants ou fins (Les patients qui présentent des difficultés à avaler sont plus susceptibles d'aspirer des liquides fins). De préférence cuits à l'eau, à la vapeur ou à l'étouffée.

Avec le rétablissement progressif le régime peut passer d'une alimentation semi-liquide à une alimentation normale.

Suivre un régime semi-liquide

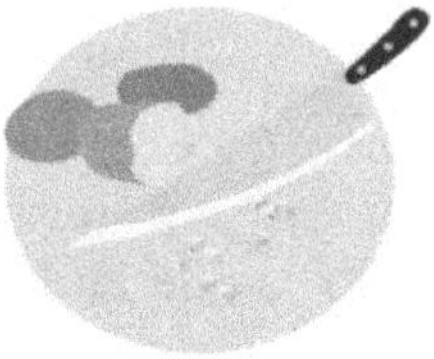

Couper les aliments en fines lamelles

Brosser les dents après repas

Petite question courante

Zhang, femme, 43 ans.

Q : Mon père a des difficultés à avaler après avoir subit un infarctus cérébral, peut-il manger de la crème aux oeufs ?

R : Si un patient ayant des difficultés de déglutition peut manger nécessite l'évaluation d'un rééducateur professionnel. En règle générale, les patients souffrant de graves troubles de la déglutition ne doivent pas être nourris par la bouche, la nourriture doit passé par une sonde nasale. Certains patients présentant des symptômes moins graves peuvent manger de l'alimentation molle et semi-liquide sur les conseils d'un rééducateur. Une crème aux œufs peut être donnée au patient, mais par petites bouchées, par principe de manger plusieurs fois et chaque fois en petite quantité.

8. Comment les personnes atteintes de troubles de l'articulation communiquent-elles et réadaptent-elles leur parole au quotidien ?

R : Les troubles de l'élocution post-AVC peuvent se manifester de diverses manières, notamment par des troubles de l'articulation, l'incapacité de parler ou de faire des phrases ou des pronociaiton erronées, ou capable de parler mais incapable de comprendre totalement ou partiellement les mots d'une autre personne.

La plupart des patients présentent des difficultés temporaires à parler mais avec une intelligence normale. La famille doit acquérir et entretenir une certaine compétence en matière de communication avec le patien, et l'encourager à utiliser diverses approches de la communication, telles que les gestes, les objets indicatifs, l'écriture ou le dessin, à l'aide d'un tableau blanc de communication. Utilisez un tableau de communication. Lors des communications quotidiennes, faites face au patient et concentrez-vous sur ce qu'il dit. ou observez ses expressions faciales et essayez de comprendre ce qu'il chercher à s'exprimer. Essaye d'utiliser des phrases courtes et simples.

Fréquence pour s'entraîner à parler : 1 ou 2 fois par jour, chaque séance 0,5 à 1 heure. On peut apprendre au patient à pratiquer la prononciation à l'aide d'objets, d'images ou en comptant. à partir d'un seul mot, de mots composés, aux plusieurs mots et phrases simples. On peut expliquer au patien ce que c'est l'objet donné pour rendre l'apprentissage plus intéressant. L'intensité doit être telle que le patient ne se sente pas fatigué. Les patients souffrant de troubles graves de la parole doivent être guidés à la rééducation de la parole.

9. Qu'est-ce qu'un trouble cognitif ?

R : Après un AVC au moins 75 % des patients souffriront d'un handicap physique et environ 80 % d'un trouble cognitif, un tiers d'entre eux évoluant vers la démence. Ce genre de troubles cognitifs dus à une maladie cérébrovasculaire sont appelés troubles cognitifs vasculaires. （différent étiologiquement de la maladie d'Alzheimer en raison de la dégénérescence et de l'atrophie sévères du tissu cérébral).

Les capacités cognitives de l'homme sont à la fois héritées et acquises par l'apprentissage. Les contextes culturels et éducatifs ont joué un rôle important dans l'évolution des capacités cognitives qui comprennent la mémoire, l'attention, l'orientation, le calcul, la pensée, les compétences linguistiques, la capacité d'exécution et la conscience sociale etc.

Si une personne avait les capacités cognitives normales, mais que pour une cause d'une maladie quelconque, elle présente un déclin de cognitivité, c'est-à-dire une ou plusieurs de capacités mentionnées ci-dessus lui échapent, et affectent la vie quotidienne, le diagnostic de trouble cognitif est pose.

Quand un patient subit des trouble cognitifs, il peut lui arriver des situations suivantes : oublier souvent des choses, égarer ceci et oublier cela, ne pas savoir compter, perdre le sens de l'orientation, ne pas savoir où il est, incapable de s'habiller, de distinguer sa main droite de sa main gauche, de comprendre ce que disent les gens, de se faire comprendre, d'utiliser les outils de la vie quotidienne, de gérer ses finances, d'assumer son rôle de famille, etc. Une fois un déclin cognitif important est constaté chez un patient, il faut le faire traiter à l'heure par un medecin.

认知障碍表现

认知障碍表现	Manifestations des troubles cognitifs
反应迟钝	Réponse lente
容易完事	Avoir tendance à oublier des choses
讲话重复	Les répétitions de propos
理解及表达能力下降	Diminution des capacités de compréhension et d'expression

10. Les troubles cognitifs après un AVC font-ils partie de la démence ?

R : La démence est une déficience cognitive grave qui survient chez les personnes âgées qui ne sont plus capables de vivre de façon autonome. Il existe de nombreuses causes, la démence due aux maladies cérébrovasculaires appelée la démence vasculaire, deuxième cause la plus fréquente de démence, la première en estla maladie d'Alzheimer.

Il faut noter que les troubles cognitifs n'égalent pas la démence. Les troubles cognitifs sont plus larges, allant d'une déficience cognitive légère à une déficience cognitive modérée et sévère. La déficience cognitive la plus sévère est la démence, qui est une forme du stade avancé de la maladie.

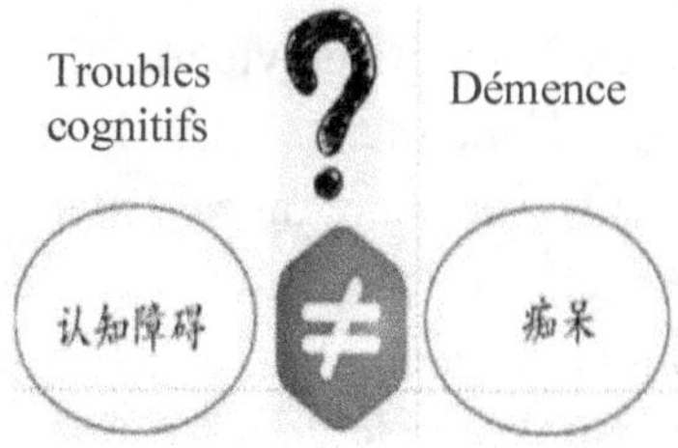

11. Après un accident vasculaire cérébra y aura-t-il forcément des des troubles cognitifs ?

R : Le cerveau est un organe d'une structure exceptionnellement complexe, les déférentes parties sont responsables de différentes fonctions. Une fois une partie est endommagée, la fonction correspondante est endommagée. Lorsque la zone liée aux fonctions cognitives (par exemple, le front, au-dessus des tempes et certaines zones du cerveau profond) est touchée, les fonctions correspondantes sont altérées et les troubles cognitifs surviennent dans ce cas là. Environ 80 % de patients ayant subi un AVC présentent des troubles cognitifs de défférents degrés. La gravité varie d'un déclin cognitif léger à une démence dans les cas les plus graves. La gravité des troubles cognitifs dépend non seulement de la gravité de l'AVC mais aussi aux conditions personelles du patient, comme son niveau d'éducation, son environnement et son état physique primaire.

12. Comment prévenir les troubles cognitifs après un AVC?

R : Tout d'abord, pour prévenir la récurrence de l'AVC, il est important de suivre les conseils du médecin, de prendre régulièrement des médicaments sur une longue période afin de contrôler les facteurs de risque tels que la tension artérielle, la glycémie et les lipides, il fau arrêter de fumer et de boire, d'avoir une alimentation saine, de faire de l'exercice physique et poursuivre un rythme de vie régulier.

Deuxièmement, à part la rééducation médicale, les patients doivent être encouragés à participer à diverses activités mentales, telles que la lecture de livres et de journaux, les jeux intellectuels, les échecs et la peinture, etc. Le chant et la danse peuvent améliorer la coordination des mouvements des mains, du cerveau, des yeux et de la bouche, ce qui favorise la récupération des fonctions corticales.

En outre, le patient peut également prendre des médicaments pour améliorer les fonctions cognitives et renforcer l'intelligence, entre autres, les médicaments traditionnels chinois.

Avec le rétablissement et la rééducation active, la capacité cognitive peut être améliorée à des degrés divers voire même revenu à un niveau similaire à celui d'avant.

Remarque

Les perfusions régulières après une maladie cérébrovasculaire ne permettent pas de prévenir la récurrence de la maladie et n'améliorent pas nécessairement les capacités cognitives du patient.

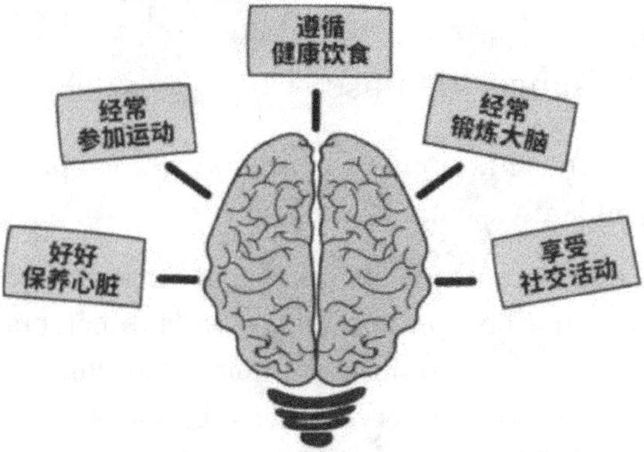

卒中后认知障碍预防
Prévention des troubles cognitifs post-AVC

经常参加运动 : Exercice physique fréquente
好好保护心脏 : Protection du coeur
享受社交生活 : Profiter des activités sociales
经常锻炼大脑 : Faire des exercices réguliers pour le cerveau
遵循健康饮食 : Poursuivre un bon régime alimentaire

Section 4 Changements psychologiques après un AVC

I. Connaissances de base

1. Changements émotionnels courants chez les patients ayant subi un accident vasculaire cérébral

Beaucoup de patients présentent des changements d'émotion après aovir subit un accident vasculaire cérébral, l'évolution à court terme se manifeste par humeur instable, c'est même inévitable. Certains sont nerveux, d'autres sont maussades et qui ne s'intéressent plus de ce qui les entoure. Certaines personnes sont agitées, d'autres sont maussades et se désintéressent de ce qui les entoure. Certains cas très graves présentent de l'anxiété et de la dépression. La plupart des patients verront leurs émotions négatives s'atténuer progressivement avec leur processus de rétablissement. Quelques cas graves nécessitent non seulement les soins et l'attention de la famille, mais aussi l'assistance d'un psychiatre ou d'un neurologue.

L'anxiété post-AVC

La dépression post-AVC

2. identification des émotions d'anxiété post-AVC

Des enquêtes ont montré que 20 à 40 % des patients sortant d'un AVC éprouvent de l'anxiété à cause de leur inquiétude excessive sur l'évolution à l'avenir de la maladie. Utilisez la méthode suivante composant des "4 questions" qui aident à identifier rapidement votre risque d'avoir l'anxiété. La méthode des "4 questions" peut vous aider à identifier rapidement votre risque d'anxiété.

La méthode des "4 questions" pour identifier rapidement votre risque d'anxiété.
• Pensez-vous que vous êtes une personne facilement anxieuse ou nerveuse ?
• Est-ce que vous êtes plus anxieux(se) ou angoissé(e) que d'habitude ces derniers temps ?
• Y a-t-il des occasions ou des circonstances particulières qui vous rendent plus nerveux ou anxieux ?
• Avez-vous déjà eu une attque de panique ? C'est-à-dire un sentiment soudain et fort de malaise ou de panique, des vertiges, une sensation d'essoufflement ou des difficultés à respirer ?

Si vous avez la réponse"oui" à au moins deux des questions ci-dessus, vous êtes plus susceptible de souffrir d'anxiété. Vous pouvez vous soulager par des activités de loisirs qui vous plaisent. Quand votre émtions affecte votre rétablissement ou même votre vie quotidienne, vous devez demander l'aide d'un spécialiste.

3. les conséquences physiques défavorables de l'anxiété post-AVC sur la santé

Une anxiété chronique peut entraîner les problèmes suivants :

- Des problèmes de sommeil, tels que difficultés à s'endormir, réveils tôt, rêves excessifs et diminution de la qualité du sommeil.
- Une augmentation de la pression artérielle, du rythme cardiaque et même des fluctuations de la glycémie, en particulier chez les personnes atteintes de maladies cardiovasculaires et cérébrovasculaires. Les patients, ce qui peut augmenter leur risque de récidive.
- Affectation du fonctionnement du système digestif et du système immunitaire, voire augmentation du risque de tumeurs.

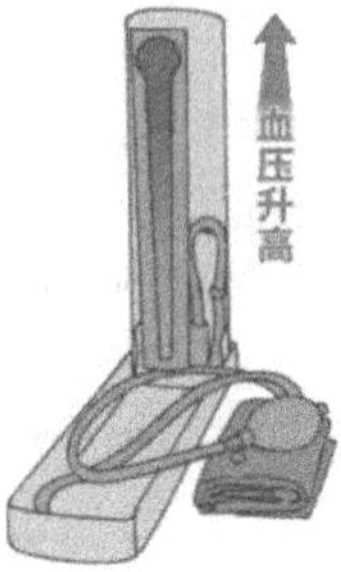

血压升高：Augmentation de la tension artérielle

4. la définition médicale de la dépression

En médicine, la dépression est définie comme un trouble causé par diverses raisons et caractérisé par une dépression importante et persistante. La principale manifestation est une humeur maussade allant de la maussaderie, du malheur au chagrin, et certains patients peuvent éprouver une grande anxiété et un sentiment d'impuissance, dans les cas graves, des symptômes psychotiques tels que des hallucinations et des délires peuvent apparaître. Les symptômes courants qui accompagnent la dépression sont les suivants : perte d'intérêt pour les choses qui les intéressaient auparavan, incapacité à se concentrer, faible estime en soi, des sentiments de dévalorisation, d'auto-accusation et de culpabilité, ainsi que des symptômes physiques comme diminution du sommeil, perte de poids, diminution de l'appétit et faiblesse de tout corps. Certains patients ont même des pensées et des comportements autodestructeurs ou suicidaires.

5. Identification de l'émotion dépressive après un AVC

Comment s'évoluer si l'on est Comment savoir si vous êtes déprimé et si votre dépression est à quel niveau, si suffisamment grave pour nécessiter des soins médicaux, vous pouvez vous référer à l'outil d'auto-évaluation simple suivant (tableau 5.1 et tableau 5.2). Il s'agit d'une échelle d'auto-évaluation de 9 questions destinée aux patients présentant des symptômes liés à la dépression.

Il est nécessaire de souligner que l'échelle d'auto-évaluation n'est pas un outil de diagnostic et que les patients ne doivent pas poser leur propre diagnostic sur cette base, encore loins de pouvoir s'auto-administrer des médicaments. Lorsqu'un problème est identifié avec ces tableaux d'évaluation, le patient doit être diagnostiqué et traité de manière appropriée par un médecin spécialiste en temps opportun. Tout comme lorsque vous avez pris froid et vous doussez, un thermomètre ne peut qu'indiquer votre temperature, mais quelle est la cause de la fièvre, s'il faut pendre des antibiotiques et si l'hospitalisation est oligatoire, tous ces éléments doivent être vérifiés par un médecin spécialite, vous ne pouvez pas le traiter tout seul aveuglement.

Tableau 5.1 Outil d'auto-évaluation de la dépression chez le patient (questionnaire à 9 questions) (PHQ-9)

Sur les deux dernières semaines, veuillez répondre si vous souffrez de l'une des substances décrites ci-dessous et à quelle fréquence.

Code	Question	None	Quelques jours	Plus d'une moitié de temps	Presque tous les jours
1	Manque d'énergie ou d'intérêt pour les activités	0	1	2	3
2	Sentiment de moral bas, dépressif ou désespéré	0	1	2	3
3	Difficultés d'endormissement, sommeil agité ou excessif	0	1	2	3
4	Sentiments de fatigue ou manque d'énergie	0	1	2	3
5	Manque d'appétit ou alimentation excessive	0	1	2	3
6	Se sentir en mauvaise posture, avoir l'impression d'avoir échoué ou de s'être laissé aller ou d'avoir laissé tomber sa famille	0	1	2	3
7	Difficulté à se concentrer, par exemple en lisant le journal ou en regardant la télévision.	0	1	2	3
8	Vous parlez ou agissez si lentement que les autres l'ont remarqué ? Ou tout le contraire - vous devenez plus irritable ou agité que d'habitude, vous tournez en rond en marchant	0	1	2	3
9	Avoir des pensées sombres comme comme idée suicidaire ou envie de se faire mal.	0	1	2	3

Tableau 5.2 Règles de notation et recommandations de traitement pour l'échelle PHQ-9		
Valeur des points	Analyse des résultats	Recommandations de traitement
0-4	Aucune dépression	None
5-9	Dépression légère	Attente vigilante, examen de l'échelle PHQ-9 pendant l'observation
10-14	Dépression modérée	Élaborer un plan de traitement, envisager des conseils, suivi et/ou traitement par médicaments
15-19	Dépression modérée	Traitement par médicaments actifs et/ou psychothérapie
20-27	Dépression grave	Premier choix immédiat est traitement par médicaments, en cas grave ou ne répond pas au traitement, la consultation d'un psychiatre pour un traitement psycholo-gique est recommandée.

6. Les conséquences physiques négatives d'une dépression prolongée après un AVC

La dépression post-AVC peut avoir un impact sérieux sur la qualité de vie du patient. En plus de la mauvaise humeur, elle peut également avoir un impact négatif sur les habitudes alimentaires, le sommeil et les relations sociales, ce qui est défavorable à la récupération après l'AVC. En outre, tous les systèmes organiques s'interagissent. Bien que la dépression soit une maladie psychologique, elle peut augmenter le risque de récidive, d'invalidité et de décès à la suite d'un AVC. En parallèle, la dépression de longue durée augmente également le risque de maladies cardiovasculaires, métaboliques, de démence et de tumeurs. Par conséquent, lorsque des signes de dépression se mafifestent, il est important de consulter rapidement un médecin.

抑郁症：La dépression

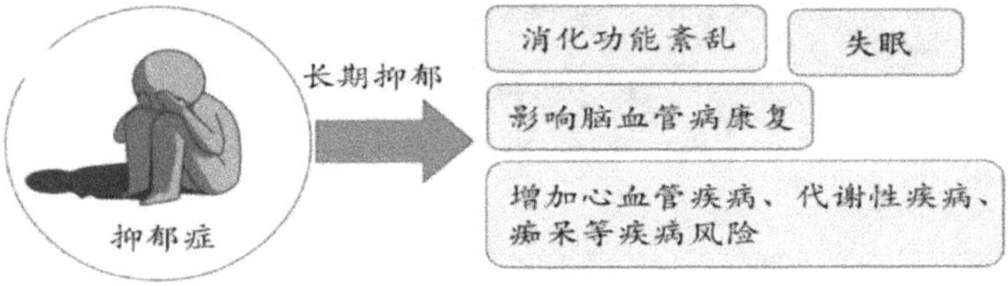

长期抑郁： La dépression de longue durée
消化功能紊乱: Les troubles du système digestif
失眠：L' Insomnie
影响脑血管病康复：Impact sur le rétablissement après une maladie cére-brovasculaire
增加心血管疾病、代谢性疾病、痴呆等疾病风险: L'augmentation du risque de maladies cardiovasculaires, métaboliques et de démence etc.

II. Questions et réponses

1. Dans quelles circonstances est-il nécessaire de consulter un médecin professionnel ou de suivre un traitement pour l'anxiété après un AVC ?

R : Si l'anxiété post-AVC s'accompagne des symptômes cités ci-dessous, elle peut être diagnostiquée comme "anxiété pathologique" : sentiments inexplicables d'anxiété et de peur fréquents , de douleur interne; ne trouver de repos ni debout ni assis, marcher de long en large, incapacité à se calmer ou tremblements involontaires.Les symptômes d'un dysfonctionnement autonome se présentent, tels que transpiration, bouche sèche, oppression thoracique et l'essoufflement, dyspnée, palpitations, nausées, vomissements, urgence urinaire, fréquence urinaire, vertiges, faiblesse générale de tout corps, etc.

L'accompagnement psychosocial

Si uniquement l'anxiété est présente sans symptômes moteurs ni aucune manifestation de troubles neurologiques, on ne peut pas poser le diagnostic d'anxiété pathologique. A l'inverse, sans anxiété ni inquiétude ni peur, mais simplement de malaise physique, ne correspond pas non plus au diagnostic d'anxiété pathologique. Si l'anxiété pathologique persiste depuis plusde si mois et qu'elle impacte gravement la santé et voire les relations sociales, il convient de consulter un psychiatre ou un psychologue dans le meileur délais.

2. Est-ce que je peux atténuer l'anxiété post-AVC par la médication traditionnelle chinoise ou par un traitement non médicamenteux ?

R : Pour certaines anxiétés légères, qui affectent le sommeil, la fonction digestive ou qui s'accompagne de divers malaises physiques, elles peuvent être gérées par l'utilisation, sans contre-indications, à court terme des médicaments à base de plantes chinoises (toniques ou MTC) tels que les gélules contre la dépression hépatique, le millepertuis, les Uling capsules, etc. Lorsque l'autorégulation n'est pas efficace, il est nécessaire de consulter un médecin. Si le patient souffre déjà de plusieurs maladies et sous plusieurs medicaments, et il présente un dysfonctionnement organique, l'ajout d'un autre médicament augmentera les effets secondaires, il faut absolument le prendre sous ordonnance du médecin spécialiste.Il est important de souligner que le traitement sûr et efficace de la MTC repose sur l'identification des symptômes et sur l'ajout et la soustraction de dosage en fonction des évolutions des symptômes, il est donc essentiel de choisir un hôpital ou un établissement médical formel pour la consultation.

Pour les cas légers, on peut suivre des traitements non médicamenteux pour améliorer les symptômes, en fonction de la situation spécifique du patient, tels que la psychothérapie (aider le patient à établir un raisonnement correct), la thérapie physique (telle que la stimulation magnétique transcrânienne), l'exercice physique (comme les activités de plein air, une plus grande exposition au soleil), la musicothérapie, les hobbies personnels, etc. Une combinaison syntétique visant à améliorer les symptômes peut être engagée sous la conduite d'un médecin professionnel.

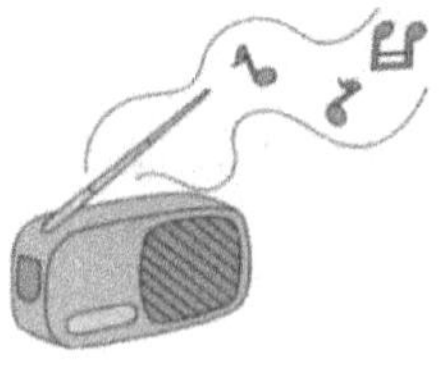

3. Si on est toujours contrarié, s'agit-il forcément d'une dépression ?

R : La dépression après avoir subit une maladie est une fluctuation psychologique normale et naturelle, ce n'est pas la même chose qu'une dépression pathologique.En général, les sautes d'humeur normales sont légères et de courte durée,elles ne sont ni suicidaires, ni automutilatrices, ni pessimistes et s'accompagnent rarement d'autres symptômes, donc peu d'influences sur la vie quotidienne et les relations sociales . Toutefois, si les symptômes sont graves et persistants, répondant aux critères médicaux de la dépression listés ci-dessus, il est nécessaire de consulter un médecin spécialiste pour une évaluation diagnostic et traintement.

4. La dépression post-AVC risque-t-elle d'émousser le ce veau ? Augmente-t-elle le risque de démence ?

R : La recherche scientifique montre qu'une dépression de longue durée peut causer une atrophie des tissus cérébraux responsables des fonctions cognitives (p. ex. l'hippocampe). Si elle n'est pas traitée à l'heure, elle peut aggraver de manière significative jusqu'au déclin cognitif, qui se manifeste par les réactions plus lentes que d'habitude et les pertes de mémoire. En particulier, chez les personnes âgées, la dépression souvent combine d'autres maladies, lorsque les troubles cognitifs atteignent un certain niveau, ils peuvent conduire au développement de la démence. Cependant, pour la plupart des patients, au fur et à mesure qu'ils se récupèrent, les émotions négative s'améliore. Cette amélioration émotionnelle et la récupération des fonctions cérébrales sont toutes deux très favorables à la progression et rétablissement des facultés cognitives.

5. La dépression post-AVC nécessite-t-elle un traitement médicamenteux ?

R : Une légère dépression après un AVC est une réaction psychologique normale à un traumatisme soudain. S'il n'y a pas d'antécédents, la dépression donnera peu d'effet sur le sommeil, l'alimentation et les relations sociales. Ayant une certaine capacité à autoréguler ses émotions le patient n'a pas de pensées pessimistes, suicidaires ou d'automutilation, dans ce cas là un traitement médicamenteux n'est pas nécessaire pour l'instant. Le patient doit collaborer activement avec son médecin et suivre le traitement normalisé de l'AVC tel qu'il leur a été prescrit.

Les soignants doivent être très attentifs aux changements d'émotion du patient, en particulier pour prêter une attention particulière aux tendances suicidaires ou à l'automutilation. Une fois on constate que l'émotion du patient ne s'améliore pas ou même a une tendance à se détériorer, il faut consulter à l'heure son médecin et le traitement médicamenteux doit être pris en compte afin d'éviter manquer la meilleure opportunité.

Lorsque la dépression perturbe le rétablissement et la vie quotidienne, il faut prendre des antidépresseurs sous surveillance du médecin. La plupart des patients sortant d'un AVC étant des personnes âgées, ils prennent déjà souvent plusieurs médicaments. Le médecin déterminera l'antidépresseur approprié en fonction de leur état physique et des médicaments pris. Parfois, la dose sera réduite pour diminuer les effets négatifs sur le foie et les reins. La grande majorité des patients n'ont pas besoin d'antidépresseurs sur une longue période, on peut arrêter progressivement sous consigne du médecin en évitant un arrêt soudain pour ne pas provoquer des fluctuations des syndromes.

6. Face à la dépression post-AVC, existe-t-il un autre traitement que le traitemetn médicamenteux ?

R : Les médicaments ne sont pas efficaces pour tout le monde, seuls 50 à 60 % des patients s'en sortent mieux en prenant des antidépresseurs. Tantdisque pour certains, les antidépresseurs ne donnent pas de bons résultats ou certains d'autres sont incapables de tolérer les effets secondaires de ces médicaments et sont obligés d'arrêter de les prendre. En plus du traitement médicamenteux, il existe d'autres moyens tels que la psychothérapie (voir un psychiatre, se faire des amis d'attitudes positifs, échanger avec les autres patients,etc.), la physiothérapie (stimulation magnétique transcrânienne, stimulation par courant continu ou alternatif, etc.), la musicothérapie, la thérapie par l'exercice physique (activités en plein air et exposition au soleil) et des loisirs personnels etc., tout cela peut être utile à atténuer les émotions négatives de différents niveaux pour obtenir une amélioration significative ou la guérison.Pour les cas graves, l'électroconvulsivothérapie non convulsive peut être envisagée (communément appelée " thérapie par l'électricité").

En plus des soins avec patience et attention, les membres de la famille doivent donner au patient assez d'amour en lui créant une atmosphère familiale positive et chaleureuse. Ce qui aidera le patient à sortir de l'ombre de la maladie le plus tôt possible ; en même temps dans la mesure du possible, il faut encourager le patient à participer à des activités familiales ou sociales, tel que des clubs de patients, dans l'objectif d'éliminer les émotions négatives et de redresser la confiance à conquérir la maladie.

Psychologue Counselling

Soins familiaux

Communic avec le patient

Structures éditoriales du groupe L'Harmattan

L'Harmattan Italie
Via degli Artisti, 15
10124 Torino
harmattan.italia@gmail.com

L'Harmattan Hongrie
Kossuth l. u. 14-16.
1053 Budapest
harmattan@harmattan.hu

L'Harmattan Sénégal
10 VDN en face Mermoz
BP 45034 Dakar-Fann
senharmattan@gmail.com

L'Harmattan Cameroun
TSINGA/FECAFOOT
BP 11486 Yaoundé
inkoukam@gmail.com

L'Harmattan Burkina Faso
Achille Somé – tengnule@hotmail.fr

L'Harmattan Guinée
Almamya, rue KA 028 OKB Agency
BP 3470 Conakry
harmattanguinee@yahoo.fr

L'Harmattan RDC
185, avenue Nyangwe
Commune de Lingwala – Kinshasa
matangilamusadila@yahoo.fr

L'Harmattan Congo
57, boulevard Denis-Sassou-N'Guesso
BP 2874 Brazzaville
harmattan.congo@yahoo.fr

L'Harmattan Mali
Sirakoro-Meguetana V31
Bamako
syllaka@yahoo.fr

L'Harmattan Togo
Djidjole – Lomé
Maison Amela
face EPP BATOME
ddamela@aol.com

L'Harmattan Côte d'Ivoire
Résidence Karl – Cité des Arts
Abidjan-Cocody
03 BP 1588 Abidjan
espace_harmattan.ci@hotmail.fr

L'Harmattan Algérie
22, rue Moulay-Mohamed
31000 Oran
info2@harmattan-algerie.com

L'Harmattan Maroc
5, rue Ferrane-Kouicha, Talaâ-Elkbira
Chrableyine, Fès-Médine
30000 Fès
harmattan.maroc@gmail.com

Nos librairies en France

Librairie internationale
16, rue des Écoles – 75005 Paris
librairie.internationale@harmattan.fr
01 40 46 79 11
www.librairieharmattan.com

Librairie l'Espace Harmattan
21 bis, rue des Écoles – 75005 paris
librairie.espace@harmattan.fr
01 43 29 49 42

Lib. sciences humaines & histoire
21, rue des Écoles – 75005 paris
librairie.sh@harmattan.fr
01 46 34 13 71
www.librairieharmattansh.com

Lib. Méditerranée & Moyen-Orient
7, rue des Carmes – 75005 Paris
librairie.mediterranee@harmattan.fr
01 43 29 71 15

Librairie Le Lucernaire
53, rue Notre-Dame-des-Champs – 75006 Paris
librairie@lucernaire.fr
01 42 22 67 13

www.ingramcontent.com/pod-product-compliance
Lightning Source LLC
LaVergne TN
LVHW010923061026
849535LV00007B/2197
* 9 7 8 2 3 3 6 4 0 4 4 6 2 *